世界技能大赛备赛实战指导教材

world skills China

世界技能大赛

糖艺/西点制作

技术规范手册

编著　中商技能世界技能大赛图书编委会
主编　黎国雄　王　森

中国商业出版社

图书在版编目（CIP）数据

世界技能大赛糖艺 / 西点制作技术规范手册 / 中商技能世界技能大赛图书编委会编著；黎国雄，王森主编. -- 北京：中国商业出版社，2022.10
 ISBN 978-7-5208-2249-7

Ⅰ.①世… Ⅱ.①中…②黎…③王… Ⅲ.①糖—装饰雕塑—技术规范—手册②西点—制作—技术规范—手册 Ⅳ.① TS972.114-62 ② TS213.23-62

中国版本图书馆 CIP 数据核字 (2022) 第 175114 号

责任编辑：郑　静

中国商业出版社出版发行
（www.zgsycb.com 100053 北京广安门内报国寺 1 号）
总编室：010-63180647　编辑室：010-83118925
发行部：010-83120835/8286
新华书店经销
三河市天润建兴印务有限公司印刷

*

787 毫米 ×1092 毫米　16 开　22.5 印张　250 千字
2022 年 10 月第 1 版　2022 年 10 月第 1 次印刷
定价：179.00 元

****

（如有印装质量问题可更换）

中商技能世界技能大赛图书
编委会

名誉主任：

许云飞	中国商业技师协会	会　长

主　任：

李　斌	中国商业技师协会餐饮分会	主　席
	中国艺术节基金会饮食艺术专项基金管委会	主　任

常务副主任：

钱以斌	中国商业技师协会餐饮分会	总干事
	上海钱以斌职业技能培训学校	校　长
孙玉成	中国商业技师协会餐饮分会	副总干事
	非物质文化遗产项目"齐国古法黍米老黄酒制作技艺"	代表性传承人
刘万庆	中国商业出版社烹饪编辑部	主　任
	《中国烹饪》杂志社	副主编

副主任：

王　森	中国商业技师协会餐饮分会	副主席
	第44届、第45届、第46届世界技能大赛烘焙项目中国技术指导专家组	组　长
黎国雄	中国商业技师协会餐饮分会	副主席
	第44届、第45届、第46届世界技能大赛糖艺/西点制作项目中国技术指导专家组	组　长
陈　刚	中国商业技师协会餐饮分会	副主席
	第45届、第46届世界技能大赛烹饪（西餐）项目中国技术指导专家组	组　长
辛亚萍	中国商业技师协会餐饮分会	副主席
	第46届世界技能大赛餐厅服务项目中国技术指导专家组	专　家

参编人员：

陈晓曦　张婷婷　栾绮伟　王子剑　霍辉燕　于　爽　向邓一　张　姣　张娉娉　干文华
王超南　高晓龙　韩　磊　王　胜　毛　懋　吕浩然　黎彩平　常福曾　陈海亮　张振祝
顾莉雅　刘　利　刘　雄　邵泽东　汤仁杰　王　辉　王　达　孟繁宇　杨东升　方诗慧
李蓓蓓　高　美　李　历　王　欢　陈　蕴　陈亦凡　吴佳妮　张佳音

《世界技能大赛糖艺/西点制作技术规范手册》

编 委 会

主　编： 黎国雄　王　森

副主编： 张婷婷　栾绮伟

参编人员： 干文华　王超南　高晓龙　韩　磊　王　胜

　　　　　　毛　懋　吕浩然　黎彩平　常福曾　王子剑

　　　　　　吕浩然　钟玲轶

序 一 | Introduction |

　　世界技能大赛是由世界技能组织于1950年创立，是全球范围历史最久、规模最大、水平最高、影响力最广的一项国际性职业技能竞赛，被誉为"世界技能奥林匹克"。

　　我国世界技能大赛之路始于20世纪90年代，经过20多年的不懈努力，2010年正式加入了世界技能组织。至今，我国已连续参加了5届世界技能大赛，参赛项目和参赛规模不断扩大，参赛成绩不断提升。从2011年伦敦首次参赛取得第一枚奖牌，到圣保罗实现金牌零的突破，再到阿布扎比、喀山连续两届蝉联金牌榜、奖牌榜和奖牌总分榜第一，中国青年技能健儿不断攀登技能巅峰，展现了新时代中国优秀技能人才的风采，为国家赢得了荣誉。2017年，中国上海申办第46届世界技能大赛获得成功。10年峥嵘，我们踏踏实实，一步一个脚印，取得了举世瞩目的成绩。但我们应该清醒地认识到，我国在世界技能大赛中的成绩还不够均衡，历届获奖主要集中于制造与工程技术领域，累计获得了18枚金牌、8枚银牌、8枚铜牌，累计奖牌34枚，多个项目蝉联金牌。而在社会和个人服务领域，累计获得了3枚金牌、4枚银牌、2枚铜牌，个别项目至今未获得金牌和奖牌，表明在该技能领域我国还存在短板，亟须加强教育培训，迎头赶上世界先进水平。

　　我非常高兴地看到，中国商业技师协会餐饮分会积极行动，组织世界技能大赛烘焙、糖艺/西点制作、烹饪（西餐）、餐厅服务四个竞赛项目相关专家、教练、选手、专业人员，认真开展技术研究，总结归纳参赛和备赛经验，提炼相关培养培训标准，编写成书并向社会大众分享。书中既有对世界技能大赛和相关项目的介绍，也有项目技术细节、集训备赛资料的分享，更有参与者的感悟和心得，可谓内容丰富、指导性强。

我相信，这套书籍将有利于世界技能大赛在社会公众中科普推广，有利于推动业界对世界技能大赛的标准和成果的理解、吸收和转化，有利于营造社会服务类技能人才成长良好的社会氛围，将吸引并带动更多的青年人投身技能、热爱技能，走上技能成才、技能报国之路，为促进就业创业创新，打造中国服务品牌，推动经济高质量发展提供强有力支撑。

是为序。

中华人民共和国人力资源和社会保障部原副部长
第41届、第42届世界技能大赛中国组委会主任

2022年5月

INTRODUCTION |

The WorldSkills Competition (WSC) has been founded by the WorldSkills International since 1950. In today's world, WSC undoubtedly is the greatest international vocational skills competition in every aspect such as its history, scale, quality, and influence. It is no exaggeration to say that WSC is the Olympics of Skills.

China sets its foot in the early journey to WorldSkills was in 1990s, through tenacious efforts in over 20 years, we finally joined the WorldSkills family in 2010. So far, China has been competing in 5 consecutive WorldSkills Competitions, the skills competed, and the scale of Team China are expanding, and the results are continuously improving as well. From the first medal in the first WorldSkills London 2011, to the first valuable gold medals in WorldSkills Sao Paulo 2015, to two times being first places in the total medal points, average point, and total point at WorldSkills Abu Dhabi 2017 and WorldSkills Kazan 2019, Chinese young Competitors has kept pushing their limit in Skills, showing off China's outstanding skilled personnel in new era, and winning honors for our mother country. In 2017, Shanghai successfully won bid to host the 46th WorldSkills Competition. Look back to the memorable ten years, we were down-to-earth, consolidated at every single step, finally, we made remarkable achievements. Meanwhile, we should be soberly aware that China's performance in the WSC is still not balanced enough. So far, our awards were mainly concentrated in the sector of Manufacturing and Engineering Technology with total 34 medals including 18 gold medals, 8 silver medals, and 8 bronze medals, and even we successfully defended our gold medals in some skills. However, in the sector of Social and Personal Services, we have won 3 gold medals, 4 silver medals, and 2 bronze medals in total, some skills still did not make breakthrough of gold medals or medals. Evidence suggests that we still have plenty of scope for improvement within the sector, therefore, it would be vital for these skills to improve their preparation and training, and work harder for catching up the top-level in the world.

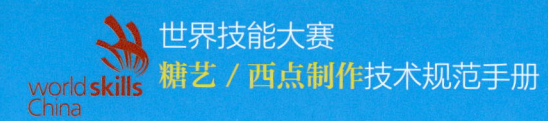

I am very happy to see that the Catering branch, China Association of Business Professionals is playing a proactive role in organizing Experts, coaches, Competitors, and professionals from teams of four WSC's Skills including Bakery, Pâtisserie and Confectionery, Cooking, and Restaurant Service. The stakeholders conducted technical research, summed up experience from previous Competitions and preparation, compiled training standards, and composed them into books for the public. These books include introduction of WorldSkills movement and China's engagement, and Skills in general, as well as the technical details of those skills, training and preparation materials, and aspiration and experiences from these participants. I am sure these books would be practical, instructive, and rich in content.

I do believe, these books would popularize WorldSkills movement among the public, while our industry would be benefit from understanding and benchmarking WSC's standards and its best practices. Furthermore, it could help to create a good atmosphere in social services for skilled talents standing out as well. The good atmosphere will attract and inspire more young people to engage themselves with skills, love skills, master skills, and then serve the country with their honoed skills. Let's work together, we can provide strong support for promoting employment, entrepreneurship, and innovation, make a good reputation of Chinese service, and promote high-quality economic development.

Former Deputy Minister, Ministry of Human Resources and Social Security of the P.R. China

Former Director, WorldSkills China (41st and 42nd WSC)

May 2022

序 二 Introduction II

世界技能大赛是当今职业技能竞赛中地位最高、规模最大、影响力最大的国际赛事，每两年举办一届，被誉为"世界技能奥林匹克"，其竞赛水平代表了职业技能发展的世界先进水平，是世界技能组织成员展示和交流职业技能的重要平台。在俄罗斯喀山举办的第45届世界技能大赛上，中国代表团共获得16枚金牌、14枚银牌、5枚铜牌和17个优胜奖，再次荣登金牌榜、奖牌榜、团体总分第一。

在获得金牌的项目中，数控铣、焊接2个项目实现金牌"三连冠"，车身修理、砌筑、花艺、时装技术4个项目蝉联冠军。获得银牌的项目包括糖艺/西点制作、信息网络布线、机电一体化、飞机维修等。获得铜牌的项目包括烘焙、烹饪（西餐）、工业控制、塑料模具工程等。获得优胜奖的项目包括餐厅服务、CAD机械设计、商务软件解决方案、印刷媒体技术等。

其中与餐饮相关的4个项目全部有我国选手获奖。这些选手分别是：银奖获得者糖艺/西点制作项目选手钟玲轶；铜奖获得者烘焙项目选手张子阳，烹饪（西餐）项目选手蔺永康；优胜奖获得者餐厅服务项目选手吴佳妮。

中共中央总书记、国家主席、中央军委主席习近平曾对我国技能选手在第45届世界技能大赛上取得佳绩作出重要指示，向我国参赛选手和从事技能人才培养工作的同志们致以热烈祝贺。习近平强调，劳动者素质对一个国家、一个民族发展至关重要。技术工人队伍是支撑中国制造、中国创造的重要基础，对推动经济高质量发展具有重要作用。要健全技能人才培养、使用、评价、激励制度，大力发展技工教育，大规模开展职业技能培训，加快培养大批高素质劳动者和技术技能人才。要在全社会弘扬精益求精的工匠精神，激励广大青年走技能成才、技能报国之路。

作为餐饮工作者和世界技能大赛参与者应清醒地认识到：我们与世界发达国家和地区的技能整体发展水平还有一定差距，我们的世界技能大赛成果转化和技能培训教育也还有很长的路要走。

为了更好地推广世界技能大赛文化、促进世界技能大赛成果转化、助力中国技能行业发展、提升中国职业教育水平，中国商业技师协会餐饮分会联合中商技能（海南）文化发展有限公司组织世界技能大赛的中国专家编写了这套"世界技能大赛备赛实战指导教材"。每本书的主编皆由历届世界技能大赛项目的专家组组长或资深专家领衔，他们带领中国专家组专家、翻译人员，根据备战世界技能大赛历程、世界技能大赛评判实际操作以及亲身感悟倾囊相授，包括世界技能大赛相关项目的规则、规范、试题、作品及训练方案等。通过系统地学习，可以使读者能够领会世界技能大赛的要义，不仅能更好地备战世界技能大赛，更能很好地参加世界技能大赛，赛出水平、赛出成绩。

职业教育是技能强国的重要抓手，世界技能大赛是引领职业技能提升的一个重要平台。"世界技能大赛备赛实战指导教材"是国内第一套系统地介绍世界技能大赛的专业书籍，主要读者对象是专业院校老师、相关专业学生及酒店餐饮业从业人士。这是一套普及世界技能大赛知识的专业教材，一经发行必将为世界技能大赛餐饮文化的推广及我国餐饮职业教育的提升起到重要作用。

由于"世界技能大赛备赛实战指导教材"的编写尚属首次，限于编写人员的专业水平和能力，加之时间匆忙，书中难免存在不足之处，恳请专家、教练、选手和广大读者批评指正。

祝我国世界技能大赛选手取得更好成绩！

中国商业技师协会餐饮分会主席　李　斌

2022年5月

前言 Preface

1997年，糖艺/西点制作项目第一次作为比赛项目出现在了世界技能大赛中。我国在2010年加入世界技能组织，第一次参与该赛事的烘焙项目则是在2017年，虽年历尚浅，但已取得了一些成果。

在2017年的阿布扎比第44届世界技能大赛上，我国选手吕浩然获得了糖艺/西点制作项目的第五名。2019年，钟玲轶在喀山第45届世界技能大赛糖艺/西点制作项目中获得了银牌。相关成绩在稳步提升，其背后离不开选手不分昼夜的拼搏努力，也离不开世界技能大赛中国组委会的坚强领导和世界技能大赛集训基地的大力支持，以及相关技术专家、教练、翻译的指导与支持。

在学习进步的过程中，糖艺/西点制作相关技术指导专家、教练、选手不断地积累实践经验，值此职业技能竞赛蓬勃发展、技能人才不断涌现的大好时机，相关人员基于往期数届参赛和训练的感悟、积累及资料，我们组织编写了这本《世界技能大赛糖艺/西点制作技术规范手册》。

在本书编写的过程中，广州市高新医药与食品技工学校副校长黎国雄和苏州王森食文化传播有限公司的王森、张婷婷共同对本书的整体工作进行了策划，他们和第44届、第45届世界技能大赛参赛选手吕浩然、钟玲轶以及技术编辑栾绮伟一起确定思路和框架，审定写作大纲，明确写作要求，并组织专业技术编辑霍辉燕、于爽、向邓一、张姣、张娉娉参与写作。本书共8章，由主编、副主编、参编人员共同完成，由黎国雄、王森、张婷婷、栾绮伟、吕浩然、钟玲轶进行了审阅。

本书在世界技能大赛中国组委会的悉心指导下，在中国商业出版社有限公司的大力支持下,终于得以完成。在写作过程中参考了世界技能大赛的官方文件、技术文件等资料,学习并参考了国内外研究学者的书籍、论文资料,得到了相关人员的支持和帮助。书中的产品类别依据世界技能大赛糖艺/西点制作项目文件中常见产品进行划分,针对每个类别的特性选择了对应的产品说明,其中的图片来自吕浩然、钟玲轶等世界技能大赛选手的实操拍摄,具体产品选自世界技能大赛常规训练产品及大赛获奖产品。

参加糖艺/西点制作项目比赛的团队成员,都积极地为本书编写做出贡献。糖艺/西点制作项目技术指导专家上海市现代食品职业技术技能培训中心校长干文华、北京轻工技师学院教师王超南、中山市技师学院副主任高晓龙、苏州森联盟文化传播有限公司技术总监韩磊因自身本职工作繁忙,无力拨冗参与编写,但仍然第一时间提供了宝贵的专业资料和指导意见,给与了悉心指导和全力帮助。糖艺/西点制作项目的中国教练组成员苏州森联盟文化传播有限公技术教练王胜、北京轻工技师学院教师毛懋、中山市技师学院教师黎彩平、武汉市第一商业学校系主任常福曾也对书中的产品选择提出了意见,对编写过程中的困难给与了解决。在此,一并向他们表示最诚挚的敬意和谢意!

糖艺/西点制作项目是以糖艺制品和西点产品制作为主要竞技类型的综合竞赛项目,通过世界技能大赛、中华人民共和国职业技能大赛的赛事引领,使该项目树立了行业标准,塑造了行业标杆人物,营造了积极良好的社会氛围,鼓励更多青年人投身行业建设中来,为社会输出更多优质职业技能人才。期望本书能为糖艺/西点制作项目的专家、教练、选手,以及爱好糖艺/西点制作项目的读者提供参考。

由于本书编写定位尚属首次,限于编写人员的专业水平和能力,加之时间匆忙,书中难免存在不足之处,甚至会存在谬误,恳请专家、教练、选手和广大读者批评指正。

编　者

2022年5月

目录 Contents

第一章　巧克力糖果　/001
第一节　基础材料与工具　/001
第二节　巧克力糖果常见的成型方法　/011
第三节　模具巧克力　/018
第四节　手工巧克力糖果　/041

第二章　微型甜点　/046
第一节　基础材料与工具　/046
第二节　产品制作实操　/056

第三章　巧克力造型　/084
第一节　巧克力造型的原料　/084
第二节　巧克力造型的工器具　/088
第三节　基础技法介绍　/095
第四节　基础配件　/101
第五节　造型组合　/127

第四章　糖艺造型　/137
第一节　糖艺造型的原料　/137
第二节　糖艺造型的工器具　/139

第三节　基础技法介绍　/146
第四节　基础配件　/158
第五节　造型组合　/176

第五章　杏仁膏捏塑　/183
第一节　杏仁膏捏塑的原料　/183
第二节　杏仁膏捏塑的常用工具　/186
第三节　产品制作　/190

第六章　裱花蛋糕（黄油奶油）　/200
第一节　工具与材料　/200
第二节　常用花卉　/214
第三节　常用花边　/242
第四节　抹面技法　/254
第五节　常用裱花技法　/260
第六节　组合蛋糕　/265

第七章　整形蛋糕（含糖艺）与盘式甜点　/279
第一节　慕斯蛋糕的常见操作　/279
第二节　冰激凌与雪葩　/306
第三节　作品制作实操　/310

第一章

巧克力糖果

第一节 基础材料与工具

一、常见的巧克力制品

黑巧克力。在巧克力加工的研磨阶段,在可可原浆中加入糖,之后继续加工制作得到黑巧克力。

牛奶巧克力。在巧克力加工的研磨阶段,在可可原浆中加入糖、牛奶或者奶粉等,之后继续加工制作得到牛奶巧克力。

可可脂。可可原浆在经过压制分离后,会得出液体脂肪,经过提纯(除味、脱色)可以得到可可脂。可可脂是一种天然的油脂,颜色呈淡黄色,使用此类制品,需要对产品进行调温,该类巧克力具有香醇滑润的口感,入口即化。

白巧克力。在可可脂的基础上,加入牛奶(或者奶粉)、糖等材料混合制作得到白巧克力。

可可粉。可可原浆在经过压制分离后,会生成液体脂肪和其他剩余液体,再将其他剩余液体提纯、冷却可以得到可可硬块，可可硬块经过粉碎和研磨可以得到可可粉。

代可可脂。代可可脂是由精选棕仁油（月桂酸油）经过高技术冷却、分离而取得棕仁油（月桂酸）油脂，再经特殊氢化，精炼调理而成的一种凝固性油脂，颜色呈白色，使用时不需要调温。

二、巧克力调温

（一）巧克力调温的必要性

巧克力的调温实质上是对可可脂进行调温。巧克力调温的过程就是使可可脂融化后再形成稳定晶体结构的过程。

可可脂是从可可原浆里提取出来的天然植物油脂，是制作巧克力必备的原材料之一。可可脂的熔点接近人体的温度，可可脂在27℃以下时，呈固体状态；27℃以上，随着温度的上升慢慢熔化，直到35℃，可可脂会完全熔化。这也是可可脂在室温的状况下能保持固态，进入人的口中又能很快化了的原因。

可可脂中的甘油是同质多晶体，其含有的几种晶体解体温度也不相同，调温就是通过调整可可脂的温度（晶体的熔点），使不稳定的晶体向稳定的晶体转变。

知识拓展：在哪些应用场景中，巧克力需要调温？

对于光泽度要求较高的制品，比如巧克力造型、模具巧克力、巧克力装饰件等，需要进行调温。

对于只用于增加巧克力风味的制品，比如甘纳许、巧克力味的饼底、各种酱料和夹心等，这类产品是不需要调温的。

（二）影响巧克力调温的三要素

1. 温度。温度对可可脂调温起着重要的作用。通过升温、降温、再次升温一系列操作，使可可脂中的晶体由不稳定向稳定转变。

2. 搅拌。巧克力在调温的过程中需要不断地搅拌，使得不稳定的晶体向稳定的晶体转化，产生连锁反应，晶体之间呈链条式连接在一起。伴随着温度的不断降低，可可脂凝固，晶体会紧紧地连接在一起，形成紧密的网络状，巧克力在稳定的同时，还伴随着收缩，这就是调温成功的巧克力能很好脱模的原因。

3. 时间。可可脂内部的晶体在后期凝结的时候，需要有充足的时间使其形成稳定结构。若巧克力凝结时间过短，会出现表面已经凝固完成，但内部结晶还未完全稳定的情况，会导致巧克力出现断裂等不良状况。比如在制作模具巧克力时，为了使其迅速脱模，将其放入冷冻中快速降温，缩短其降温时间，即使后期能够脱模，此时的巧克力也是脆弱和易碎的。

（三）调温后的巧克力状态

将进行调温过程的巧克力放在抹刀或者铲刀上，在室内静置约5分钟，若其凝固且有光泽，则表示调温成功。

若调过温的巧克力需要很长时间才能凝固，并且凝固后的颜色发白，则表示调温失败。此时的巧克力不用丢弃，将其重新进行调温即可。

调温好的巧克力逐渐凝结的状态　　　　　　　调温好的巧克力完全凝结状态

（四）巧克力调温方法

1. 双煮法。巧克力双煮法是巧克力的基本调温方法之一。

一般来说，巧克力中的可可脂含量每增加5%，巧克力的熔点就会降低1℃。所以在对巧克力进行调温工作时，需要考虑巧克力中的可可脂含量和内部结构状态，一般多采用先升温、再降温、最后升温的方法使内部结构稳定。这个温度的连续变化表现为巧克力的调温曲线。

不同种类的巧克力的调温曲线是不同的，同时不同品牌的巧克力的调温曲线也不相同，在对巧克力进行调温时，可参考巧克力外包装上显示的调温曲线进行操作。

以下列举的是较为常见的巧克力调温曲线变化区间，可供参考。

种类	加热熔化（升温）	冷却降温（降温）	再次加热（升温）
黑巧克力	45℃~50℃	28℃~29℃	31℃~32℃
牛奶巧克力	40℃~45℃	27℃~28℃	29℃~30℃
白巧克力	40℃~45℃	26℃~27℃	28℃~29℃

其常用做法如下：

（1）将巧克力切成小块状，放入一个小锅中。

（2）取一个大锅，装入水，加热至50℃~70℃，停火。

（3）将小锅隔水放入大锅中，至巧克力完全熔化，可通过搅拌加速熔化。

（4）将小锅移至冷水的环境中，不断地搅拌，至锅边巧克力出现凝结，中心部位变稠。

（5）将小锅移开，再次放入50℃~70℃的热水锅中，至锅边凝结物开始熔化、下沉，离火。

（6）不断搅拌至整体均匀，温度也调至使用温度。

双煮法调制巧克力的注意事项：

（1）热水的温度控制在 50℃~70℃较为保险，避免巧克力加热过度或者增加调温时间。

（2）与巧克力直接接触的盛器、工具都需干净、无水。

（3）各类巧克力调温的使用温度不同，具体可参考调温曲线，或者根据材料的使用说明进行相关操作。

2. 播种法。播种法是将需要调温的巧克力先取一部分熔化至所需温度，再加入剩余未熔化的巧克力，利用已熔化的巧克力的温度将其全部熔化，再同时降温，最后升温的方法。

3. 大理石调温法。大理石调温法是将熔化到所需温度的一部分（或全部）巧克力倒在大理石上，通过调温铲对其来回抹制和混合进行降温，再回倒入容

器中将其进行升温的方法。

4. 微波炉法。微波炉法是将巧克力通过微波炉加热熔化，再进行降温，最后将其放置于微波炉中升温的方法。

这种方法的操作难度大，初学者不易掌握。因为微波炉法给巧克力升温的主要热量来源于微波（分子之间的摩擦热量），所以巧克力在调温时，不易进水，但是稍不注意火力和时间，巧克力便会焦煳。

三、巧克力糖果模具

巧克力可以依托模具样式成型。常见的模具有以下几种类型。

（一）巧克力压模

巧克力压模是用来压出巧克力造型的模具，款式多样，材料众多，如不锈钢、铝制等模具（这类模具也可以用于糕点、慕斯等产品的制作），都可以直接用于巧克力糖果制形，成型后还可以通过切割进行二次塑形。

（二）巧克力糖模

巧克力糖模是用来制作巧克力糖果的模具，常见材质有硅胶、硬质塑料，花纹样式多变，不易变形，模具样式众多曲线自然。

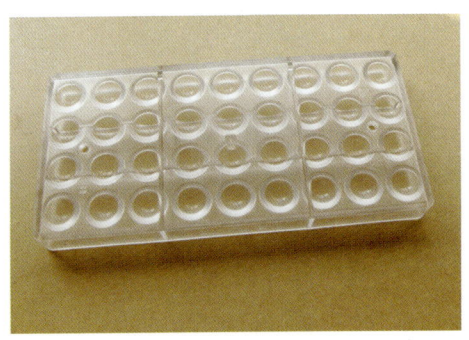 

（三）巧克力模具使用的相关知识

1. 任何巧克力模具在使用前都必须清洗干净，无异味、无水、干爽。
2. 巧克力入模后，要将模具外部清理干净，防止出模时影响整体形象。
3. 在选择塑料模具时，以无异味、不易碎、表面光滑的硬质塑料为宜。
4. 模具需有固定的储存区域。

四、巧克力成型工具

将巧克力与各种材料混合成馅料，再经过不同的塑形方式使其成为具有独特个性的巧克力产品。

（一）巧克力糖专用工具

用来移动巧克力糖的专用工具，可以辅助制品的淋面、筛粉、裹果仁等操作。

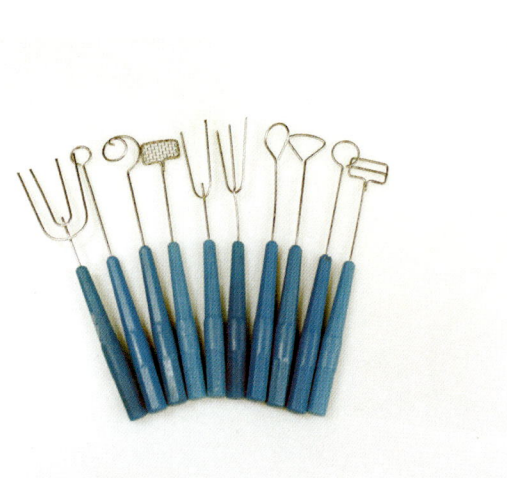
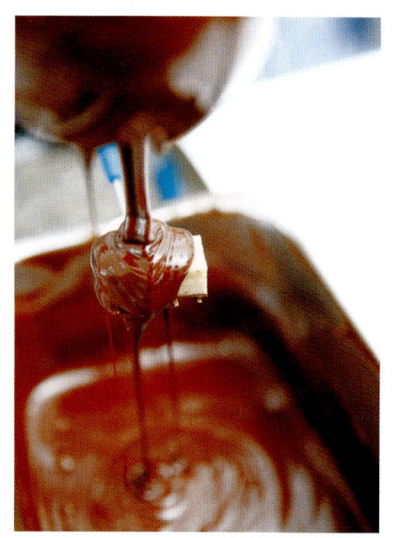

（二）巧克力铲刀

铲刀常用于巧克力调温操作，在巧克力模具成型时，也常用于整理表面。

第二节　巧克力糖果常见的成型方法

一、常见手工技法

挤裱。将巧克力混合物静置冷却至合适的稠稀度，然后放入裱花袋中，使用一定的运动方法将巧克力挤出花纹样式。

切割。将巧克力混合物冷却至一定的硬度，使用刀具将其分割成具有特定形状的小块状，也有专门用于巧克力切割的巧克力切割机。

挂淋。在巧克力制品的外部淋上一层巧克力淋面。

揉搓。用手将巧克力混合物揉成某种形状。

叠加装饰。完成巧克力混合物的基础造型后，再在外部叠加花样装饰，比如在表面画出花纹、裹上坚果碎、筛粉、刷粉、摆上巧克力片等。

第一章 巧克力糖果

二、模具成型技法

依托模具样式，将巧克力相关产品制作出特定的样式。

（一）普通巧克力空心模（外壳）的制作

示例：

1. 将融化好的巧克力挤入冷冻过的模具中。
2. 用两手的手掌下方托起模具震动几下消除气泡。
3. 用铲刀将多余的巧克力刮掉，刮的时候铲刀要稍微垂直。
4. 将模具翻转倒出多余的巧克力，用铲刀柄轻敲模具使巧克力能均匀地流出。
5. 将模具翻转过来时刮掉多余的巧克力，使其成空心状。
6. 将模具冷冻 3 分钟，取出。
7. 取出的空心模边缘部分厚薄要均匀，最佳厚度 0.2~0.3 厘米。

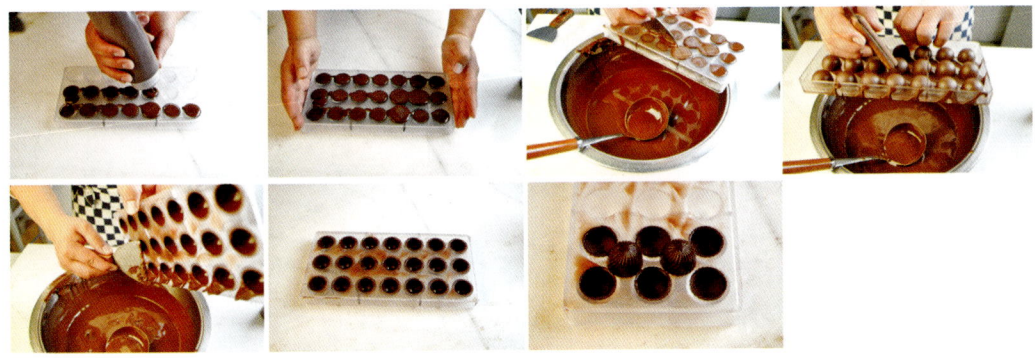

（二）着色型巧克力空心模（外壳）的制作

1. 夹色。

示例：

材料：

黑巧克力、白巧克力

制作过程：

（1）用裱花袋将白巧克力挤于模具底部的纹路中。

（2）待白色纹路干后再挤入黑巧克力，要挤满。

（3）用两手手掌的下方托起模具轻震几次，消除多余的气泡。

（4）用铲刀将多余的巧克力刮掉，动作要快、准。

（5）将模具翻转，倒出多余的巧克力使其成空心状。

（6）当模具翻转过来时用铲刀将多余的巧克力刮掉。

（7）将刮平的模具冷冻3分钟，然后取出。

（8）冻好的空心模具边缘厚薄要均匀，夹色要清晰无气孔。

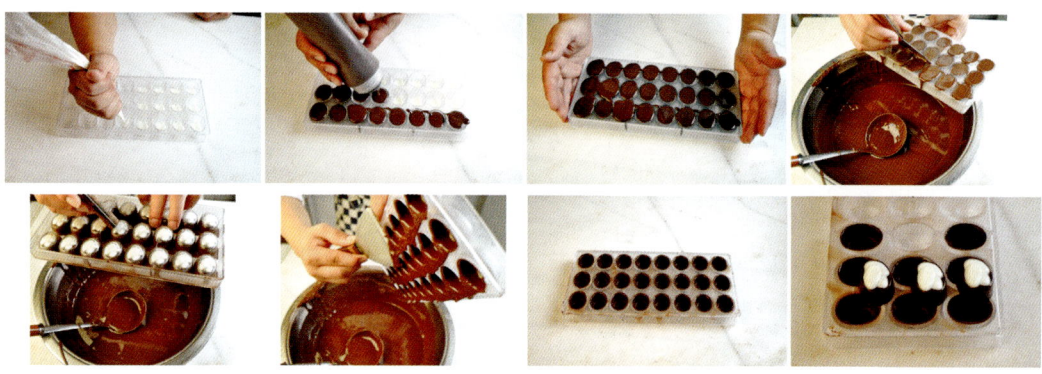

2. 涂抹色。

示例：

材料：

橙色巧克力专用色粉、白巧克力

制作过程：

（1）将巧克力专用色粉倒入白巧克力中调匀。

（2）将调好后的巧克力稍微加热后再调匀备用。

（3）用手将调好的巧克力均匀地涂抹在模具的纹路中。

（4）冷冻2分钟后用巧克力将模具填满，速度要快。

（5）用两手手掌的下方托起模具轻震几下，消除多余的气泡。

（6）用铲刀将多余的巧克力刮掉。

（7）将模具翻转，倒出多余的巧克力，使其成空心状。

（8）将模具翻转时用铲刀刮掉多余的巧克力，要刮平。

（9）将刮平的模具冷冻3分钟，然后取出。

（10）冷冻好的空心模边缘厚薄均匀、无气孔。

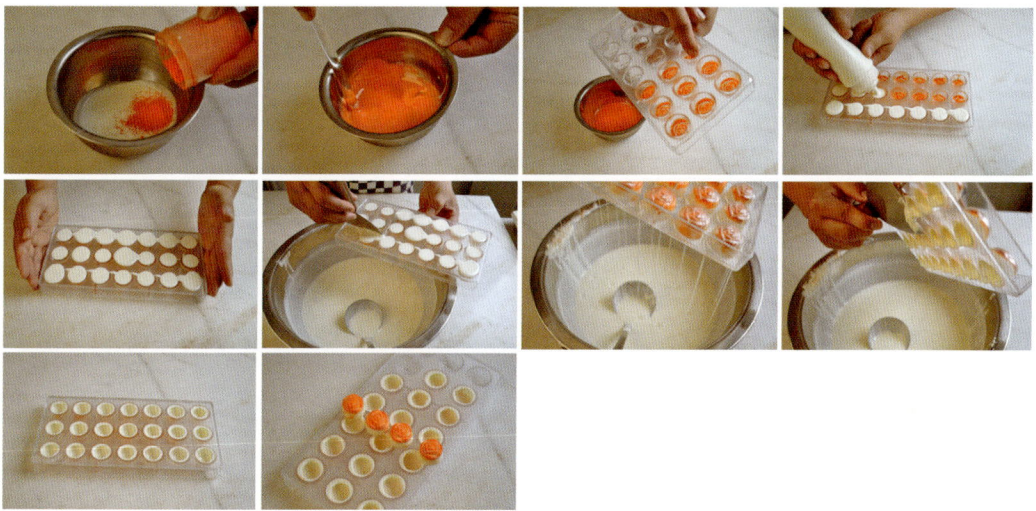

3. 喷色。

示例：

材料：

绿色可可脂、黄色可可脂、牛奶巧克力

操作准备：

可可脂在使用前，需要进行调温操作。

方法一（制作较复杂，但是结晶速度较快、结晶较稳定）：

先将可可脂隔热水熔化至40℃，装入裱花袋中，再将其放在大理石上，用刮板来回不断地刮压可可脂，使其温度降到24℃，最后将其倒入容器中，用热烘枪或者隔热水，使其温度上升至 30℃。

方法二（制作较快，但结晶速度较慢、结晶不是特别稳定）：

先将可可脂加热至 40℃以上，再将其放在室内，静置降温至 30℃。

制作过程：

（1）使用喷枪机先在巧克力模具表面喷一层绿色可可脂，铲去表面多余部分，待其稍微凝结，再在模具局部继续喷绿色可可脂，将其局部加深，再铲去表面多余部分，室内静置。

（2）待"步骤1"的制品稍微凝结，在其表面喷一层黄色可可脂，将其侧立在大理石桌面上，等待其凝结。

（3）将牛奶巧克力调温至 29℃~30℃，再将牛奶巧克力装入裱花袋中，先将其注入喷砂上色的模具中。

（4）用两手手掌的下方托起模具轻震几下，消除多余的气泡。

（5）用铲刀将多余的巧克力刮掉，将模具翻转，倒出多余的巧克力，使其成空心状。

（6）将模具翻转时用铲刀刮掉多余的巧克力，要刮平，之后冷冻 3 分钟或者室温下静置待凝结。

冷冻好的空心模边缘厚薄均匀、无气孔。

（三）夹心巧克力的工艺流程

在空心模的制作基础上，内部可以填充馅料至八九分满，凝结后，再使用调温后的巧克力进行封底操作。

1. 在模具上制作出空心状，然后冷冻 3 分钟取出。将夹心馅料挤入模具中至 3/4 满。

2. 用黑巧克力将顶部封好。

3. 将顶部刮平以后再冷冻 5 分钟，取出，将巧克力糖果轻磕出来。

（四）巧克力成型的注意事项

1. 使用的模具必须无水、无油、无异味、无异物。

2. 外壳和封底使用巧克力必须是经过调温的，这样产品外部才能达到所需的色泽和质感需求。

3. 使用模具制作时，操作速度要快，避免巧克力挂壁过厚。

4. 在进行整理外形时，铲刀使用要具有针对性，发力时稍稍保持垂直。

5. 利用巧克力进行封底时，要注意不露出内部夹心馅料和边缘，避免影响整体干净度和完成度。

6. 操作过程中，注意对环境温度的控制，一般操作间温度保持在 18℃~22℃为宜。

第三节 模具巧克力

一、酒心甘纳许巧克力棒

材料：

水 70 克，右旋葡萄糖粉 150 克，40% 牛奶巧克力 1000 克，蜂蜜 240 克，70° 酒 250 克

制作过程：

1. 将水、右旋葡萄糖粉倒入锅中搅拌均匀，再倒入蜂蜜拌匀，小火煮至 80℃，再分次倒入巧克力中，搅拌均匀。

2. 将酒加热至 30℃，分次倒入巧克力中，搅拌均匀，降温至 27℃时入巧克力模。

第一章
巧克力糖果

组合：

1. 在模具表面挤上红、黄、蓝可可脂颜色装饰，将调好温的黑巧克力入模，再倒扣让多余的巧克力流出，倒扣在一旁等待凝固，制作出外壳。

2. 将酒心甘纳许倒入模具中，最后用黑巧克力封底即可。

二、深邃（开心果洋梨巧克力糖）

（一）巧克力上色

材料：

绿色可可脂适量，黄色可可脂适量

制作过程：

1. 先在巧克力模具表面喷一层绿色可可脂，铲去表面多余部分，待其稍微凝结，再在模具局部继续喷绿色可可脂，将其局部加深，再铲去表面多余部分，室内静置。

2. 待"步骤1"的制品稍微凝结，在其表面喷一层黄色可可脂，将其侧立在大理石桌面上，等待其凝结。

（二）巧克力外壳

材料：

38% 牛奶巧克力适量

制作过程：

1. 将总量的 2/3 牛奶巧克力隔热水熔化，加热至 42℃，加入剩下 1/3 未熔化的牛奶巧克力，不停地搅拌，至整体温度下降到 26℃ ~27℃。

2. 边用橡皮刮刀搅拌、边用热风枪加热"步骤 1"的制品，将其升温至 29℃ ~30℃。

3. 将"步骤 2"的制品装入裱花袋中，先将其注入上色、结晶好的模具中，注满，晃平，再轻震出气泡。

4. 将"步骤 3"的制品倒扣，用调温铲轻敲模具侧面，倒出多余的牛奶巧克力。

5. 用调温铲去除"步骤 4"的制品表面多余牛奶巧克力，侧立在桌面上，待其冷却，结晶。

（三）开心果甘纳许

材料：

35% 淡奶油 104 克，开心果泥 37 克，转化糖 19 克，黄油 11 克，34% 白巧克力 184 克，洋梨利口酒 4.6 克，绿色色粉适量

制作过程：

1. 先将 35% 淡奶油、开心果泥和转化糖放入锅中，边搅拌，边将其稍微加热，再加入黄油，加热至 60℃，离火。

2. 将"步骤 1"的制品筛入装有白巧克力的盆中，加入洋梨利口酒和适量绿色色粉，用橡皮刮刀混合、拌匀。

3. 将"步骤 2"的制品倒入量杯中，用均质机搅打至完全乳化。

4. 将"步骤 3"的制品装入裱花袋中，挤入装有已结晶的巧克力壳的模具中至五分满，晃平，将其在室内放置，等待其凝结。

（四）洋梨甘纳许

材料：

35% 淡奶油 116 克，转化糖 29 克，黄油 31 克，35% 牛奶巧克力 193 克，洋梨利口酒 12.8 克

制作过程：

1. 将 35% 淡奶油和转化糖放入锅中，加热至 63℃，关火，加入黄油，用刮刀混合搅拌均匀。

2. 将"步骤 1"的制品倒入装有 35% 牛奶巧克力的盆中，加入洋梨利口酒，用刮刀拌匀。

3. 将"步骤 2"的制品倒入量杯中，用均质机搅拌至完全乳化。

4. 将"步骤 3"的制品装入裱花袋中，挤入装有已凝结的开心果甘纳许的模具中至九分满，晃平，将其在室内放置，等待其凝结。

（五）巧克力封底

材料：

调温牛奶巧克力适量，转印纸适量

制作过程：

1. 将调温牛奶巧克力装入裱花袋中，注入装有已结晶好的洋梨甘纳许的模具中，注满，晃平。

2. 在表面盖上一张比模具稍长的转印纸，用调温铲将表面用力刮平，去除表面多余的巧克力。

3. 将"步骤2"的制品倒扣在烤盘上，放在室内结晶。

4. 待巧克力完全结晶后，先用双手左右晃动巧克力模具，再将其倒扣，用调温铲轻敲巧克力模具背面，辅助巧克力糖脱模。

小贴士

本次制作全程没有使用冰箱，这样能给予可可脂更多的时间结晶，也可以使用冰箱冷藏或者冷冻以加快凝固速度。

三、起源（扁桃仁榛果巧克力糖）

（一）巧克力上色

材料：

红色可可脂适量，棕色可可脂适量，黄色可可脂适量

材料说明：

可可脂需调温后使用。

制作过程：

1. 先在巧克力模具表面喷一层红色可可脂，铲去表面多余部分，待其稍微凝结，再在模具局部继续喷红色可可脂，将其局部加深，铲去表面多余部分，室内静置。

2. 待"步骤1"的制品稍微凝结，再在其表面喷一层棕色可可脂，铲去表面多余部分，室内静置。

3. 待"步骤2"的制品稍微凝结，最后在其表面喷一层黄色可可脂，将其侧立在大理石桌面上，等待其凝结。

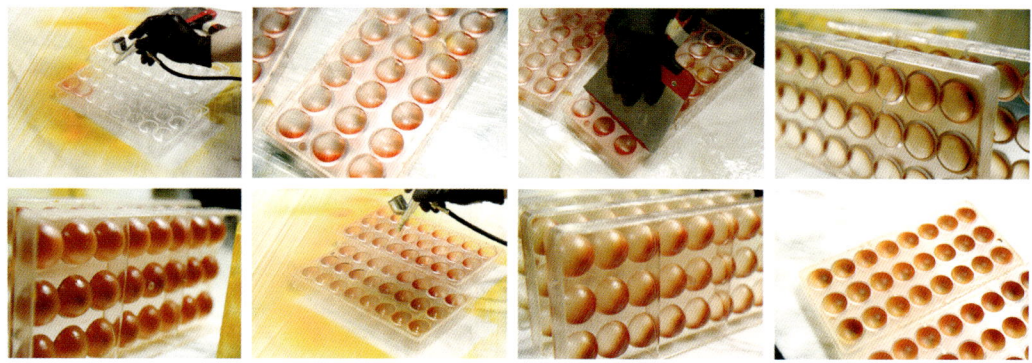

（二）巧克力外壳

材料：

黑巧克力适量

制作过程：

1. 将一部分黑巧克力隔热水熔化，加热至45℃，加入另一部分未熔化的黑巧克力，不停地搅拌，降温至28℃~29℃。

2. 边搅拌边用热烘枪加热"步骤1"的制品，将其升温至31℃~32℃。

3. 将"步骤2"的制品装入裱花袋中，先将其注入结晶好的模具中，注满，晃平，再轻震出气泡。

4. 边将"步骤3"的制品倒扣，边用调温铲轻震模具侧面，倒出多余的黑巧克力。

5. 用调温铲去除"步骤4"的制品表面多余黑巧克力，将其侧立在桌面上，等待其冷却，结晶。

> **小贴士**
>
> 不同品牌和种类的巧克力，调温曲线也不相同，可参考所买巧克力的外包装上所显示的调温曲线表进行操作，降低失败率。

（三）甘纳许

材料：

35%淡奶油168克，转化糖35克，黄油30克，66%黑巧克力196克

制作过程：

1. 将淡奶油和转化糖放入锅中，边搅拌边将其稍微加热，再加入黄油，加热至60℃，离火。

2. 将"步骤1"的制品冲入放有黑巧克力的盆中，混合，拌匀。

3. 将"步骤2"的制品倒入量杯中，用均质机搅拌至完全乳化。

4. 将"步骤3"的制品倒入裱花袋中，待其温度为32℃时注入装有已结晶的巧克力壳的模具中，直至模具八分满，晃平，放置于室内，待其冷却，结晶。

小贴士

1. 甘纳许的注模温度为32℃。

2. 若使用的巧克力的流动性差，可以在甘纳许里加适量热水，增加其水分。

3. 可可脂含量越高的巧克力，凝固的速度也越快，在制作含有黑巧克力的甘纳许时，操作速度要稍微快些。

（四）扁桃仁榛子酱

材料：

去皮熟榛子450克，带皮熟扁桃仁300克，细砂糖495克

材料说明：

榛子与扁桃仁为提前烘烤过的。

制作过程：

1. 将细砂糖分次加入锅中，煮至焦糖化。

2. 将"步骤1"的制品倒入放有去皮熟榛子与带皮熟扁桃仁的硅胶垫中，混合，压拌均匀。

3. 待"步骤2"的制品冷却至48℃~50℃，将其掰碎。

4. 先将"步骤3"的制品放入搅拌机中，搅打成酱，再将其倒入盆中，备用。

小贴士

1. 做榛果酱时，坚果需要有温度地放进去。如果是坚果在冷的时候放进去，先与冷坚果接触的焦糖会先凝固，导致后期产品整体质地不是很好，容易结颗粒。

2. 在制作焦糖时，每一次在锅内加细砂糖都要等到上一次加的细砂糖差不多熔化再加。

3. 榛果酱的搅拌温度不可过高，否则会出油。此外，尽量使用可以高速将材料搅碎的搅拌机，否则由于搅拌机运作时间长，机器会升温，温度过高一方面影响成品口感，另一方面会烧坏机器。

（五）榛果扁桃仁脆面

材料：

38%牛奶巧克力60克，扁桃仁榛子酱151克，黄油薄脆片30克

制作过程：

1. 先将牛奶巧克力熔化至40℃，再将其与扁桃仁榛子酱混合，拌匀，最后加入擀碎的黄油薄脆片，混合，拌匀。

2. 先将"步骤1"的制品隔冰水降温至21℃~22℃，再将其隔热水升温至25℃，将其进行调温。

3. 将调温好的"步骤2"的制品装入裱花袋中，装入放有已结晶好的甘纳许的模具中，挤满后用调温铲刮去表面多余的巧克力榛果扁桃仁脆面，直至达到模具九分满，先冷藏，待其稍微凝固，再取出，放于室内，结晶。

（六）巧克力封底

材料：

黑巧克力适量

制作过程：

1. 将调温好的黑巧克力装入裱花袋中，注入装有已结晶好的榛果扁桃仁脆面的模具中，晃平。

2. 用调温铲将"步骤1"的制品表面用力刮平，去除表面多余的黑巧克力，室内放置，等待其结晶。

3. 待"步骤2"的制品完全结晶后，用双手左右晃动巧克力模具，将其倒扣，用调温铲轻敲巧克力模具，巧克力糖即可脱模。

> **小贴士**
>
> 1. 巧克力中的甘纳许在其变硬后食用时，味道是最明显的。
>
> 2. 每处理一个程序，最后都要将模具用厨房用纸擦拭干净，尤其是参加比赛，注意卫生。
>
> 3. 因为巧克力糖果的外壳较薄，为防止脱模时巧克力外壳破碎，可以在脱模前，将其在冷冻环境中稍微放置几分钟。

四、杏子莓果红茶巧克力糖

（一）巧克力上色

材料：

橙色可可脂适量，黄色可可脂适量

材料说明：

可可脂需调温后使用。

制作过程：

1. 先在巧克力模具表面喷一层橙色可可脂，铲去表面多余部分，待其稍微凝结，再在模具中心凸出部位继续喷适量橙色可可脂，将其局部加深，铲去表面多余部分，室内静置。

2. 待"步骤1"的制品稍微凝结，在其表面喷一层黄色可可脂，将其侧立在大理石桌面上，等待其凝结。

 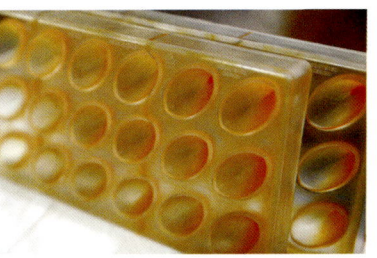

（二）巧克力外壳

材料：

38% 牛奶巧克力适量

制作过程：

1. 将一部分牛奶巧克力隔热水熔化，加热至42℃，再加入另一部分未熔化的牛奶巧克力，不停地搅拌，降温至26℃~27℃，最后边搅拌边用热烘枪加热，将其升温至29℃~30℃。

2. 将"步骤1"的制品装入裱花袋中，先将其注入结晶好的模具中，注满，晃平，再轻震出气泡，边将其倒扣，边用调温铲轻震模具侧面，倒出多余的牛奶巧克力。

3. 用调温铲去除"步骤2"的制品表面多余牛奶巧克力，侧立在桌面上，待其冷却，结晶。

（三）杏子啫喱

材料：

杏子果蓉 276 克，百香果果蓉 27.6 克，细砂糖 28.8 克，NH 果胶 3.6 克，转化糖 8.8 克

材料说明：

细砂糖和 NH 果胶需混合使用。

制作过程：

1. 将杏子果蓉和百香果果蓉放入锅中，煮沸。

2. 将 NH 果胶与细砂糖混合物加入"步骤 1"的制品中，继续加热，煮至糖度为 53。

3. 先将"步骤 2"的制品筛入盆中，加入转化糖，搅拌均匀，再将其倒入裱花袋中，将其冷却至 27℃~28℃，备用。

4. 将"步骤 3"的制品注入装有已结晶的巧克力外壳的模具中，每个注入 1.5 克，室内放置，待其结晶。

> **小贴士**
>
> 1. 杏子啫喱的糖度为 53 时，保存时间最长。可使用糖度测试仪测量酱料的糖度值。
>
> 2. 转化糖在 80℃以上加入酱料时，其特性会有变化，整款酱料的水分会渗出来。水分流失严重，不利于后期保存，所以转化糖在后期加入酱料中。
>
> 3. 将酱料放入裱花袋中冷却，不易进空气。

（四）莓果红茶甘纳许

材料：

莓果红茶 15 克，热水 60 克，35% 淡奶油 225 克，转化糖 13.5 克，葡萄糖浆 13.5 克，黄油 27 克，41% 牛奶巧克力 200 克，55% 黑巧克力 100 克

制作过程：

1. 将 60 克的水煮沸，冲入莓果红茶里，使茶叶延展开。

2. 将淡奶油、转化糖和葡萄糖浆倒入锅中，煮至假沸。

3. 关火，将"步骤 1"的制品加入"步骤 2"的制品中，混合，拌匀，在锅表面包一层保鲜膜，浸泡 5 分钟。

4. 将"步骤 3"的制品筛入放有黄油的锅中，用橡皮刮刀按压出剩余茶液，将其加热至 60℃。

5. 将"步骤 4"的制品倒入放有巧克力的盆中，混合，拌匀。

6. 将"步骤 5"的制品倒入量杯中，用均质机搅拌至完全乳化。

7. 将"步骤 6"的制品装入裱花袋中，待其温度达到 32℃时，将其注入装有已稍微凝固的杏子啫喱的模具中，每个注入 4 克，直至模具七分满，晃平，室内放置，等待其凝结。

（五）焦糖榛果杏仁酱

材料：

去皮熟榛子 450 克，带皮熟扁桃仁 300 克，细砂糖 495 克

材料说明：

榛子与扁桃仁为提前烘烤过的。

制作过程：

1. 将细砂糖分次加入锅中，煮至焦糖化。

2. 将"步骤1"的制品倒入放有去皮熟榛子与带皮熟扁桃仁的硅胶垫中，混合，压拌均匀。

3. 待"步骤2"的制品冷却至 48℃~50℃，将其掰碎。

4. 先将"步骤3"的制品放入搅拌机中，搅打成酱，再将其倒入盆中，备用。

（六）焦糖坚果巧克力酱

材料：

焦糖榛果杏仁酱 342 克，38% 牛奶巧克力 162 克

制作过程：

1. 将牛奶巧克力与焦糖榛果杏仁酱混合，隔热水熔化至 40℃，搅拌均匀。

2. 边搅拌边将"步骤 1"的制品隔冰水降温至 22℃。

3. 边搅拌边将"步骤 2"的制品隔热水升温至 25℃。

4. 将"步骤 3"的制品装入裱花袋中，挤入装有已凝结的莓果红茶甘纳许的模具中，直至将模具挤满。

5. 用调温铲刮去表面多余的焦糖坚果巧克力酱，直至达到模具九分满，先冷藏，待其稍微凝固，再取出，放于室内，结晶。

（七）巧克力封底

材料：

牛奶巧克力适量，转印纸适量

制作过程：

1. 将调温好的牛奶巧克力装入裱花袋中，注入装有已结晶好的焦糖坚果巧克力酱的模具中，晃平。

2. 在"步骤1"的制品表面盖上一张与模具大小一致的转印纸，用调温铲将其用力刮平，去除表面多余的巧克力，倒扣在烤盘上，置于室内结晶。

3. 待"步骤2"的制品完全结晶后，用双手左右晃动巧克力模具，将其倒扣，一手拿着模具，一手拿调温铲轻敲巧克力模具，巧克力糖即可脱模。

五、贝奥里藏特夹心巧克力

2017年阿布扎比糖艺西点项目模块D——糖果和巧克力：吕浩然获奖作品

（一）外壳

材料：

牛奶巧克力适量，各色可可脂适量

制作过程：

1. 将可可脂熔化，调温至30℃，用刷子洒在巧克力模具上。

2. 将红色、黄色、蓝色可可脂洒在模具上。

3. 将模具外多余的可可脂用铲刀处理干净。

4. 将牛奶巧克力调温，挤入模具中。

5. 将多余巧克力倒出。

6. 用铲刀敲模具边，使多余巧克力流出，并用铲刀刮干净。

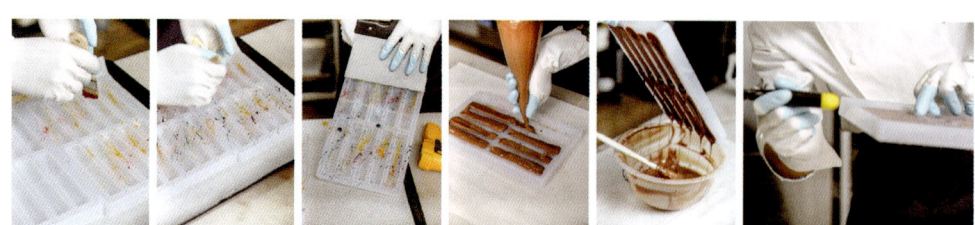

（二）咖啡甘纳许

材料：

白巧克力127克，可可脂12克，葡萄糖浆8克，水3克，细砂糖55克，牛奶106克，速溶咖啡5克，无盐黄油22克，香草精1克

制作过程：

1. 准备咖啡甘纳许的材料。
2. 将巧克力、可可脂、黄油、香草精放入量杯中。
3. 将速溶咖啡泡入牛奶中，加热至80℃备用。
4. 将细砂糖、水、葡萄糖浆倒入锅中，加热。
5. 将焦糖煮至金黄色。
6. 将80℃的咖啡牛奶分次倒入焦糖中，搅拌均匀。
7. 将咖啡酱汁倒入量杯中。
8. 用均质机将咖啡酱汁均质至细腻光滑的状态。
9. 将做好的甘纳许装入裱花袋中。
10. 将甘纳许降温至30℃，挤入模具中至半满，室温静置。

（三）椰子榛果酱与封底

材料：

50% 榛果酱 170 克，可可脂 30 克，淡奶油 34 克，细砂糖 18 克，椰子果蓉 45 克，牛奶巧克力适量

制作过程：

1. 准备椰子榛果酱配方的材料。
2. 将榛果酱倒入量杯中备用。
3. 将可可脂加热熔化。
4. 将淡奶油倒入可可脂中，煮沸。
5. 将酱汁倒入量杯中。
6. 加热糖和椰子果蓉。
7. 将热椰子果蓉倒入量杯中。
8. 将所有材料均质乳化至顺滑状态。
9. 将椰子榛果酱挤入模具中至九分满，静置一夜。
10. 将调好温的牛奶巧克力抹在模具上，给巧克力条封底。
11. 贴上胶片纸，用刮板刮平，把多余巧克力刮掉，常温静置 10 分钟后脱模。

第四节　手工巧克力糖果

一、杏仁松露巧克力

材料：

33.6%牛奶巧克力900克，烤无皮杏仁500克，杏仁碎300克，杏仁酱100克，糖粉、巧克力、可可粉适量

制作过程：

1. 将巧克力熔化至30℃，将杏仁打成杏仁粉，将两者倒入搅拌桶内，再倒入杏仁碎、杏仁酱搅拌均匀。

2. 操作台上撒上过筛糖粉，将"步骤1"的制品取出，在操作台上搓成长条状，切成小块，搓圆。

3. 将圆球放入冰箱冷藏降温，拿出后放入熔化的巧克力中滚一圈，再裹上一层可可粉。

二、茉莉花茶甘纳许

材料:

32% 淡奶油 300 克（不包含额外补充量），茉莉花茶 30 克，橙子皮屑 2 个，转化糖 55 克，海盐 0.5 克，46% 牛奶巧克力 400 克，70% 黑巧克力 180 克，软

第一章
巧克力糖果

黄油 100 克，可可脂 200 克

制作过程：

1. 将淡奶油和茉莉花茶煮沸，静置 30 分钟，过滤后称重，加入淡奶油继续补足 300 克。

2. 加入橙子皮屑、转化糖和海盐，煮至 60℃。

3. 分次加入化开的牛奶巧克力与可可脂的混合物中。

4. 在"步骤 3"的制品中加入软黄油，用料理棒打匀后倒入框模中。

5. 将"步骤 4"的制品冷藏凝固后，再在表面抹上一层薄薄的巧克力，凝固后切块，表面包裹上黑巧克力，用巧克力糖叉取出装饰。

小贴士

制作中加入适量可可脂，可以使成品甘纳许稍硬一些。

三、杧果百香果生巧

材料：

杧果果蓉 45 克，百香果果蓉 15 克，转化糖 10 克，葡萄糖浆 7 克，33.6% 牛奶巧克力 100 克，33% 白巧克力 70 克，可可脂 18 克，黄油 10 克，樱桃白兰地 2.5 克，黄色糖粉适量

制作过程：

1.将两种巧克力和可可脂放入盆中，隔水加热至大约一半的量熔化，离火（因为后期需与热量更高的糖浆混合，所以将其熔化至约一半即可）。

2.同时，将两种果蓉、转化糖和葡萄糖浆放入锅中，加热至沸腾。

3.将"步骤2"的制品倒入"步骤1"的制品中，用手动打蛋器混合搅拌均匀至巧克力完全熔化。

4.在"步骤3"的制品中加入黄油（黄油温度在20℃左右），混合搅拌均匀。

5.在"步骤4"的制品中加入樱桃白兰地，充分混合均匀。

6.将"步骤5"的制品倒入模具中，用刮刀或刮板将表面抹平整。

第一章
巧克力糖果

7.将其贴面覆上保鲜膜，放入冰箱中冷藏。

8.待其定型后取出，脱模，再用刀将其切成合适的大小。

9.在表面筛上黄色糖粉进行装饰。

> **小贴士——带色糖粉**
>
> 　　使用白色糖粉（或白砂糖）与玉米淀粉混合，比例在10∶1左右，加入对应的色粉，放入料理机中进行搅拌至混合均匀，即可得到想要的带色糖粉。
>
> 　　除了使用色粉来调节颜色外，还可以使用天然果蔬粉。天然果蔬粉为新鲜果蔬或者种子经过烘烤后再研磨制成的粉末状材料，根据品牌的不同，添加物也不同或者无添加物。常见的有杧果粉、胡萝卜粉、紫薯粉等。

第二章

微型甜点

第一节 基础材料与工具

甜品制作其实并不复杂,其类别可能比较多,但是流程相似度都比较高,要想使产品达到非常理想的状态,其中的处理细节与流畅度是需要练习和掌握的。

一、材料的处理

产品制作的基础是材料,各式材料通过特殊方式进行混合形成质地或均匀或不一的产品,构成甜品的风味、质地、色彩等特征。下面对甜品制作中常用到的几类材料进行一个简单的说明和介绍。

(一) 过筛处理

甜品制作中常用到的粉类是非常多的,包括各式小麦粉及其他谷物粉、抹茶粉、可可粉、坚果粉、泡打粉、玉米淀粉等。粉类都有一定的吸湿性,容易凝结成块状，所以在制作前期需要根据流程选择可以"合并"的粉类，进行先期混合、过筛。

过筛可以去除粉类中的杂质与颗粒，并使其颗粒之间充入空气，达到蓬松的一种状态，这样在后期能增加面粉与其他材料的接触面积，方便后期更好地混合。

常用工具为平面网筛，速度较快，网筛的孔有大小之分，可以满足不同的筛选需求。

（二）软化处理

在正式制作前，需要确定材料的性质是否达到最佳使用状态。以黄油打发为例，如果黄油是比较冷硬的，那么在后期打发过程中会发生较难与其他材料融合的状况，软化是比较常用的先期处理方式。

软化是指使材料由硬变软的加工过程，需借助于微波炉加热、隔水加热等方式，或者将材料放在自然条件下自然回温至软，常用于黄油、奶油奶酪、杏仁膏等材料的制品。

（三）温度处理

材料的温度对产品的混合有一定的影响，在正式制作前，需要根据流程确定材料的温度是否符合制作需求。

有些加热处理可以在正式制作前完成，这样在后期制作中可以节约等待时间，防止影响其他材料的正常状态。比如蛋液加热、牛奶加热、黄油熔化、巧克力熔化等。常用的方式有隔水加热、微波炉加热等。

有些则需要降低温度，可以通过放入冰箱冷藏、冷冻或者隔冰水降温达到所需状态。

上面左图为隔冰水降温。加热完成的产品需要尽快降低温度，可在离火后，隔着盛器放入冰水中，且不停搅拌至温度下降至合适范围。注意在降温过程中如果不搅拌的话，表面会有结皮的现象产生，如卡仕达酱的制作。

上面右图为隔水加热。产品在制作过程中需要升温至一定范围内，可以隔着盛器放入热水中，持续加热至指定温度范围内；也可以不直接接触热水，而是通过热水产生的"热气"来升温。

(四)切割处理

对于水果、香料等材料的使用,需要根据制作流程的信息,确定是否需要切割或者特殊处理,比如香草荚取籽、水果切片/切块/切丁等处理,建议在前期完成。

(五)凝胶剂处理

在众多凝胶剂产品中,吉利丁需要先期浸泡变软后使用,一般情况下吉利丁需要用其重量5倍的冰水浸泡变软。如果长期使用量比较大,建议可以统一浸泡变软,再熔化,然后冷凝形成吉利丁块,随时加热熔化使用。

注:不同的品牌,吉利丁的吸水能力会不同。另外,一般即便较少的用水,长时间浸泡也可以达到效果,主要还是看产品制作对含水量的要求。

二、工器具选择

甜品制作中的工器具使用对产品成型有直接影响,在本书产品制作中,也都有较为明确的描述。产品制作在保证配方平衡的情况下,选取不同的材料器具,采用不同的处理方式,会使产品产生不同的状态和口感体验。

(一) 称量

在配方平衡的状态下,准确地称取所需要的材料,是产品制作成功的基础。常用的有电子秤、量杯等称量工具,如果量较大的话,也有较大型的台秤等。

 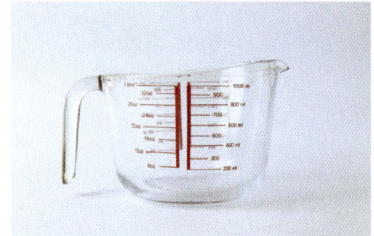

(二) 过筛与过滤

过筛是在产品制作过程中对干、湿性材料进行过滤处理的一种技术方法,可借助不同类型的网筛。

干性材料的过筛常使用的工具为平面网筛,速度较快,网筛的孔有大小之分,可以满足不同的筛选需求。网筛的目数越大、孔越小,可以过滤的食材越细。

湿性材料的过滤除了能完成基础功能（如去除杂质、颗粒等）外，同时也可以帮助过滤空气。比如在淋面制作时，过筛可以去除淋面内部的气泡。其常用工具为锥形网筛，从侧面看这种工具呈三角形，适用于将材料过滤至小口径盛器中。

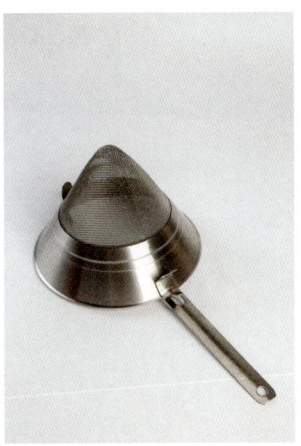

（三）混合拌匀

"拌"是产品制作中用得较多的一个字，主要分为机械与人工两种，二者可单独操作，也可共同作用于产品制作中，使产品状态达到最佳。

1. 机械法。机械法需借助于搅拌器、均质机、料理机等器械进行，使两种乃至两种以上不同的材料均匀地混合在一起。

首先，采用机械法对材料进行混合。一方面提高了生产效率，另一方面可以使混合更均匀。

其次，机械法也更适合需要乳化的材料混合。乳化是一种液体以极微小状态均匀地分散在另一种互不相溶的液体中的现象，如果所用材料的相溶性不高（比如油脂和水分含量都比较高的淋面制作），建议使用均质机。

通过更换搅拌机上的各种形状的搅拌器可以达到不同的搅拌目的。

上面左图为桌立式厨师机/搅拌机/鲜奶机/和面机。

上面中图为机器配套的网状搅拌器。

上面右图为机器配套的扇形搅拌器。

上面左图为均质机,适合带有乳化目的的搅拌,力度比较大,作用结果比较细腻,有消泡的能力。

上面右图为粉碎机,又称料理机,适合食材粉碎、混合,作用比较迅速。

2. 人工法。人工法需借助橡皮刮刀、手动打蛋器(蛋抽)等工具进行,通过人力控制产品制作程度，操作方便且针对性较强。制作的产品不同，选取"拌"的方式也不同。

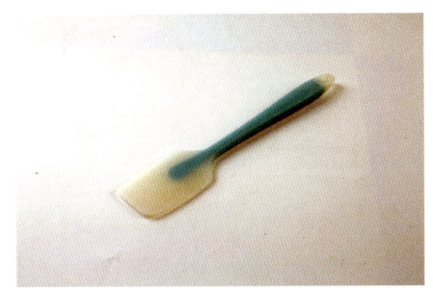 

上面左图为橡皮刮刀，适用于翻拌、切拌、压拌等混合方式。

上面右图为手动打蛋器（蛋抽），适合需要快速搅拌的材料混合。因为其切割面较多，易造成消泡，同一方向搅拌时也易形成规律性网络结构，对泡沫类产品混合、酥性面团制作有局限性，但是多数液体混合会使用此类工具。

（四）擀

"擀"是对材料施加压力、改变材料的外形、使材料达到统一厚度的一种技术手法，机器法可借助于起酥机等，手工法可以使用擀面杖等类似器具，常用于酥皮、挞派、巧克力配件的制作。产品特性不同，擀的作用效果也不同。

上页左图适合大面团的擀制。

上页中图适合小面团的擀制。

上页右图为起酥机，机上带有刻度，可使面团均匀地压至想要的厚度。

（五）挤

"挤"是利用手的压力，借助裱花袋、裱花嘴等工具将材料制作出各式花样的一种技术手法。借助挤的手法，可以很好地控制产品的数量、厚度、造型等多种元素，可以充分满足产品外观设计、口味设计等需求，简单方便。

上图中有裱花袋（布制）、裱花嘴转换器及各式裱花嘴。

（六）测温

对产品的温度进行测量是比较精确的制作方法，针对不同的使用场景，有不同的温度计可以选择。

烘焙用温度计大致可以分为机械式温度计、不锈钢探针式温度计、红外线温度计。

1. 机械式温度计。此款温度计的温度可以自动升降，可以实时感应温度，读数精准且方便。

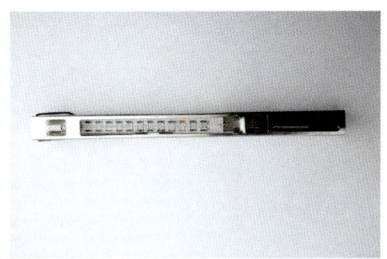

2. 不锈钢探针式温度计。此款温度计可以插入食物中心进行测温，但是不能接触烤箱内壁及金属物体，需要使用电池，带有LCD显示屏，可以直接读出接触产品的温度。此款温度计是烘焙制作中比较常用的种类。

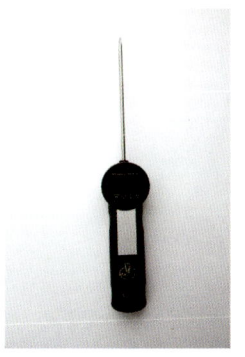

3. 红外线温度计。此款温度计不直接接触食物，需要使用电池，带有LCD显示屏，可以直接读出接触产品的温度。使用原理是通过测量物体表面反射的红外能量来确定物体表面的温度，适用于较难接触的物体的表面温度测量。

第二节 产品制作实操

一、芝士千层酥

材料:

高筋面粉400克,盐6克,黄油(软化)300克,芝士粉200克,牛奶150克,蛋液适量,芝士碎适量,研磨黑胡椒适量,卡宴辣椒粉适量

制作过程:

1. 先将高筋面粉、芝士粉、盐和黄油放入粉碎机中,边搅拌边加入牛奶,搅拌成团。

2. 取出面团,用手将整体拍平,再用保鲜膜完全包住,放入冰箱中冷藏松弛 20 分钟以上。

3. 取出，将面团放在两张油纸中间，使用擀面杖将其擀至 4 毫米的厚度，用刀将其切成长度为 5 厘米、宽度为 1.5 厘米的条状面皮。

4. 在面皮表面刷一层蛋液（可以帮助产品上色和粘连芝士碎），再撒上一层芝士碎，最后撒上些许研磨黑胡椒（稍粗的粒）。

5. 将面皮分开放在带有网格硅胶垫的烤盘上（为了控制烘烤成型的高度，可以在其表面盖上一张烘焙纸，用网架压住）。

6. 放入风炉中，以 170℃烘烤约 20 分钟，再将其取出，去掉网架和烘焙纸，继续放入风炉中，烘烤约 2 分钟，直至表面上色。

7. 取出，冷却，在其表面撒上一层卡宴辣椒粉。

二、黄油玛德琳

（一）玛德琳面糊

材料：

全蛋 200 克，细砂糖 165 克，海藻糖 45 克，转化糖 15 克，葡萄糖浆 30 克，蜂蜜 18 克，低筋面粉 185 克，扁桃仁粉 25 克，脱脂奶粉 7 克，泡打粉 3 克，淡奶油 68 克，无盐黄油 68 克，有盐黄油 68 克

模具：

本次制作使用的模具为玛德琳专用模具，为 12 连玛德琳蛋糕模（直径 7.5 厘米）。玛德琳的模具呈贝壳形，这也是玛德琳的别称"贝壳蛋糕"的由来。模具边缘处比较浅，中心内部较深。在产品放入烤箱后，高温首先会将边缘处烤熟、固形，内部在成熟过程中会逐渐膨胀，形成"肚子"。

为了使产品更好地脱模，在使用模具前，需要对模具进行防粘处理，否则蛋糕出炉后产生粘连会影响外形。基本方法是在模具内壁涂抹一层黄油或者喷一层脱模油，也可以在这个基础上追加一层面粉，防粘效果会更好一点，且能保护酥脆的表层不被破坏。放凉之后，也会增加食用的口感层次，因糖分沉淀后酥脆的表层和松软的内馅会使口感形成对比，尝起来也不会过于甜腻。

温度：

根据模具特点，一般情况下，玛德琳的烘烤基本上都是边缘先固形，之后再是中心内部。合理掌控温度可以更好地维持整体美观度，避免边缘焦煳、中心不完全成熟。每个烤箱的特性不一样，使用模具的厚薄度也不同，这个需要每个制作者好好实验调整。

制作过程：

1. 将全蛋、细砂糖、海藻糖和转化糖倒入搅拌桶中，加热，混合搅拌均匀至 35℃。

2. 用网状搅拌器开始打发蛋液。

3. 搅打至蛋液开始变浓稠状后，加入葡萄糖浆和蜂蜜的混合物（50℃），继续搅打成细腻的绸缎状。

4. 加入粉类混合物，用刮刀快速地翻拌均匀。

5. 加入淡奶油，依然用刮刀快速翻拌均匀。

6. 加入熔化的黄油混合物（无盐黄油和有盐黄油），继续用刮刀快速地翻拌均匀。

7. 将面糊倒入裱花袋中，挤入处理好的模具中。本次使用的模具每个用量约 20 克。

8. 将模具放入烤箱，以上下火 160℃烘烤 13 分钟，再将上火转至 180℃、下火转至 150℃，继续烘烤约 8 分钟（开风门）。烘烤时间和温度仅供参考，需根据不同烤箱的特性进行些微调整。

9. 出炉，正面朝上轻震一下模具，再倒扣，脱模。

（二）糖浆

材料：

细砂糖 25 克，水 50 克，白兰地 10 克

制作过程：

1. 将水和细砂糖倒入锅中，混合搅拌，加热煮沸。

2. 过滤至盛器中。

3. 加入白兰地，混合搅拌均匀，静置冷却即可。

  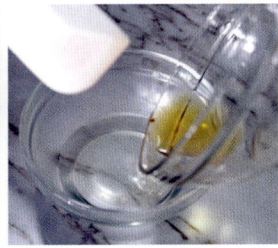 

（三）组装

制作过程：

用毛刷将冷却的糖浆刷在玛德琳表面，可以刷两次。

三、榛果酱流心泡芙

（一）榛子榛果酱奶油

材料：

半脱脂牛奶1500克，细砂糖300克，吉士粉150克，蛋黄300克，榛果酱500克，榛子泥125克，黄油（软化）400克

制作过程：

1. 将半脱脂牛奶倒入锅中，加入一半的细砂糖，将其煮沸。

2. 将吉士粉、蛋黄和剩余的细砂糖放入盆中，用手动打蛋器搅拌均匀。

3. 将"步骤1"的制品冲入"步骤2"的制品中（边冲边搅拌），用手动打蛋器搅拌均匀。

4. 回倒入锅中，用小火继续加热，其间需要一直搅拌，直至煮至浓稠且带有光泽的状态。

5. 先在烤盘上铺一层保鲜膜，倒入"步骤4"的制品，用保鲜膜完全包住，放入冰箱冷藏，至其完全冷却。

6. 取出，将其倒入搅拌桶中，用网状搅拌器将其搅打至顺滑状态。

7. 将软化黄油倒入盆中，加入榛果酱和榛子泥，用手动打蛋器搅拌至顺滑状。

8. 将"步骤7"的制品分次加入"步骤6"的制品中，用网状搅拌器以中高速混合搅拌均匀，再将其倒入盆内，放入冰箱冷藏，备用。

（二）榛子榛果酱夹心

材料：

榛果酱300克，榛子泥100克，水140克

制作过程：

将所有材料放入盆中，用手动打蛋器搅拌均匀，再用橡皮刮刀将盆壁边缘刮干净，备用。

（三）泡芙面团

材料：

水 146 克，半脱脂牛奶 146 克，黄油 146 克，细砂糖 6 克，细盐 6 克，T65 面粉 174 克，全蛋 277 克，扁桃仁碎 200 克，珍珠糖（碎颗粒状）200 克

材料说明：

1. 与白砂糖相比，珍珠糖是不透明的，且不易溶解、不易烘烤变色，常用于烘焙产品的顶部装饰。珍珠糖的颗粒有大有小，可以根据需求进行选购。

2. 在后期装饰时，混合珍珠糖与扁桃仁碎放在烤盘一侧，然后颠动烤盘使装饰物移动，至每个面糊表面沾满即可。

制作过程：

1. 将水、半脱脂牛奶、黄油、细砂糖和细盐加入锅中，加热煮沸，关火。

2. 加入 T65 面粉，使用刮刀混合搅拌均匀，再开小火加热，不停翻拌至锅底出现一层薄膜。

3. 离火，将混合物倒入搅拌桶中，用中速搅打至收干水分，温度在 60℃~70℃之间。

4. 继续搅拌，缓慢加入全蛋，待全蛋添加完毕后，改用中速继续搅拌至面糊呈现倒三角状，形成基础泡芙面糊（温度在 40℃左右）。

5. 将泡芙面糊装入带有圆形裱花嘴的裱花袋中，将其裱挤在带有硅胶垫的烤盘上，挤出圆形。

6. 将珍珠糖与扁桃仁碎混合，倒在"步骤5"中烤盘上方部位，再用双手上下左右晃动烤盘，使泡芙表面均匀地粘上珍珠糖与扁桃仁碎的混合物。

7. 将烤盘放入 175℃的风炉中，烘烤约 20 分钟，再将其取出，将烤好的泡芙转移到另一个烤盘中，冷却降温。

（四）组装装饰

材料：

防潮糖粉适量

制作过程：

1. 将泡芙放在高度为 0.8 厘米的两块亚克力板之间，用刀沿着亚克力板将其切成 2 块，分成上下两个部分。

2. 将榛子榛果酱奶油装入带有锯齿裱花嘴的裱花袋中，将泡芙的下半部分放在托盘中，在其边缘处挤上一圈榛子榛果酱奶油。

3. 将榛子榛果酱夹心装入裱花袋中，挤在"步骤 2"的制品的中心处，放入冰箱冷冻定型。

4. 取出，再在边缘处挤上两圈榛子榛果酱奶油。

5. 继续在中心处挤上榛子榛果酱夹心，与侧面的榛子榛果酱奶油保持齐平，放入冰箱冷冻定型。

6. 取出，沿着其中心部位挤上两圈榛子榛果酱奶油。

7. 用圈模压在泡芙的上半部分处，去除多余部分，使整体形状更统一，在其表面筛上防潮糖粉。

8. 将"步骤7"的制品盖在"步骤6"的制品上。

小贴士

本次在切割泡芙时，使用了高度为0.8厘米的亚克力板作为"分量器"。如果没有条件，可以不使用，或者使用相同或者近似高度的木板等替代，主要目的是使泡芙的切割更加平均。

四、焦糖萨布雷

材料：

细砂糖一120克，有盐黄油400克，细砂糖二40克，扁桃仁粉240克，低筋面粉440克，糖粉（装饰）适量

制作过程：

1. 在锅中分次加入细砂糖一，加热熬成深褐色的焦糖（约180℃），再倒入不粘垫上，使其自然冷却成焦糖块。

2. 将焦糖块放入粉碎机中，加入细砂糖二，搅拌成沙粒状。

3. 加入过筛的扁桃仁粉和低筋面粉，搅拌均匀，然后加入有盐黄油，继续搅拌成面团状。

4.将面团取出放在油纸上,在表面再垫一张油纸,用擀面杖将其擀成1.5厘米厚的面团,放入冰箱中冷藏一晚。取出,用刀将其切成长和宽各1.5厘米的方块,然后用手搓成小圆球。

5.将搓好的小圆球摆放在垫有硅胶垫的烤盘中,放入风炉中,以160℃烘烤12分钟左右。

6.取出,冷却,在表面粘上一层糖粉。

小贴士

熬煮糖浆时,从糖液沸腾,到不同的温度,状态和可控性都有很大不同。从160℃开始,焦糖颜色开始由白变黄,170℃开始完全变黄,170℃~180℃开始从黄变褐,其中的甜味越来越淡,苦味越来越重。

五、栗子蛋糕

（一）蛋糕面糊

材料：

黄油 75 克，砂糖 25 克，杏仁膏 175 克，全蛋 100 克，低筋面粉 12.5 克，栗子碎粒 150 克，朗姆酒 7.5 克，香草荚 1/3 根

制作过程：

1. 取一部分全蛋液，将其分次加入软化好的杏仁膏（微波炉加热软化）中，先用刮刀将二者混合，搅拌至顺滑，再将其加入搅拌桶中，用扇形搅拌器搅拌均匀，将其取出，放入盆中。

2. 将软化黄油、砂糖和香草籽放入另外一个搅拌桶中，用扇形搅拌器搅打至发白状态。

3. 边搅拌边将"步骤1"的制品分两次加入"步骤2"的制品中，搅拌均匀。

4. 缓慢加入剩余的全蛋液，继续混合拌匀。

5. 将栗子碎粒切得再碎些，加入朗姆酒，翻拌均匀。

6. 先将"步骤5"的制品加入"步骤4"的制品中，以中速搅拌均匀，再加入过筛的低筋面粉，用刮刀混合拌匀。

（二）酥粒

材料：

黄油50克，低筋面粉50克，杏仁粉50克，糖粉45克，香草粉1克，香草浓缩液1克

制作过程:

1. 将所有材料放入搅拌桶中,混合,以中低速搅拌均匀,呈粉末状。

2. 取出,揉捏成团,放在网筛或者带孔网架上,用手将其碾压成颗粒状,撒在烤盘垫上,放入冰箱冷冻定型。

(三)组装烘烤

材料:

防潮糖粉适量

制作过程:

1. 先在模具上喷一层脱模油,再将蛋糕面糊注入模具中,至七分满。

2. 在"步骤1"的制品表面撒冷冻好的酥粒,至九分满,入风炉,以170℃烘烤约28分钟。

3. 将其取出,冷却,脱模,在其表面筛一层防潮糖粉。

六、法式咸蛋糕

（一）蛋糕

材料：

培根 20 克，盐 1.7 克，研磨黑胡椒 0.5 克，全蛋 120 克，牛奶 100 克，橄榄油 40 克，埃达姆奶酪 100 克，低筋面粉 110 克，泡打粉 5 克，洋葱粉 3 克，蒜粉 3 克，黑橄榄 20 克，半干西红柿 25 克，干燥迷迭香 1.5 克

制作过程：

1. 将黑橄榄、培根和半干西红柿切碎，加入干燥迷迭香，混合拌匀，备用。

2. 将全蛋放入盆中，加入盐、黑胡椒、牛奶和橄榄油，使用手动打蛋器混合拌匀。

3. 将奶酪碎、泡打粉和低筋面粉加入"步骤2"的制品中，混合拌匀。

4. 将其他剩余材料加入"步骤3"的制品中，混合拌匀，不用打发。

5. 在模具表面喷一层脱模油，面糊装入裱花袋中，挤入模具中至七分满，稍微震平，入风炉，以 190℃烘烤约 10 分钟。

6. 将其取出，倒扣在网架上，脱模。

小贴士

本配方偏料理面糊，可根据个人口味添加其他辅料。

（二）装饰

材料：

黑橄榄适量，半干番茄适量

制作过程：

将黑橄榄和半干番茄插在竹签上，再将其插在完全冷却的蛋糕上装饰。

七、百香果小甜品

2017 年阿布扎比糖艺西点项目模块 A
——微型甜点、单人份蛋糕和小甜点（吕浩然获奖作品）

（一）杧果橘子果冻

材料：

橘子果蓉 62.5 克，杧果果蓉 25 克，幼砂糖 37.5 克，NH 果胶 1.5 克，吉利丁粉 1 克

制作过程：

1. 准备杧果橘子果冻配方的材料，将吉利丁粉泡 6 倍水备用。

2. 将两种果蓉加热至 45℃，加入幼砂糖和 NH 果胶，用蛋抽不停地搅拌至沸腾。

3. 加入泡好水的吉利丁，搅拌均匀。

4. 倒入模具至半满，放入速冻柜中速冻。

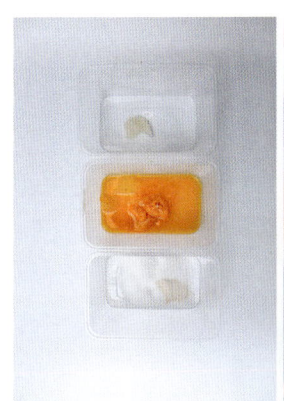

（二）榛果慕斯

材料：

50% 榛果酱 55 克，牛奶 28 克，吉利丁 2 克，淡奶油 80 克

制作过程：

1. 准备榛果慕斯的材料。

2. 将牛奶加热至 30℃，倒入量杯中。

3. 吉利丁泡水，将其熔化后倒入量杯中。

4. 加入榛果酱。

5. 加入淡奶油，用均质机均质。

6. 倒入模具中，倒满，放入速冻柜中速冻。

（三）百香果奶油

材料：

百香果果蓉 150 克，幼砂糖 113 克，全蛋 86 克，吉利丁 7 克，黄油 112 克

制作过程：

1. 准备百香果奶油配方的材料。
2. 将百香果果蓉加幼砂糖煮至 80℃。
3. 将"步骤 2"的制品倒入全蛋中，一边倒一边不停地搅拌。
4. 倒入锅中，搅拌加热至 80℃时停火。
5. 在量杯中加入黄油、吉利丁，然后筛入煮好的酱汁。
6. 将所有材料用均质机均质。
7. 倒入模具中至五分满。
8. 将冻好的杧果橘子果冻取出，填入模具中，放入速冻柜中速冻。

（四）淋面

材料：

透明镜面果胶 400 克，橙色色素适量

制作过程：

将透明镜面果胶和橙色色素均质后放入裱花袋中。

（五）甜酥面团

材料：

无盐黄油 112 克，糖粉 69 克，杏仁粉 26 克，盐之花 2 克，蛋黄 25 克，全蛋 20 克，低筋面粉 188 克，高筋面粉 48 克

制作过程：

1. 准备甜酥面团配方的材料。

2. 将黄油、糖粉、盐、杏仁粉倒入打蛋缸内，搅拌均匀。

3. 分三次倒入鸡蛋液，搅拌均匀。

4. 将低筋面粉和高筋面粉过筛，倒入打蛋机内，混合均匀。

5. 将面团取出，放在两层烤盘纸中，擀平至 3 毫米厚，速冻。

6. 用圈模压出圆片。

7. 将压好的圆片放在透气的烤垫上，入炉以 170℃烘烤 10 分钟。

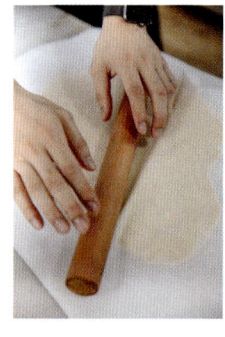  

（六）香蕉香缇奶油

材料：

淡奶油 100 克，幼砂糖 10 克，香蕉果蓉 10 克，香草籽适量

制作过程：

1. 准备香缇奶油配方的材料。

2. 倒入淡奶油、幼砂糖、香蕉果蓉和香草籽。

3. 打发至九成，装入裱花袋备用。

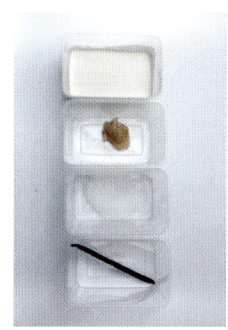

（七）组合

制作过程：

1. 将小蛋糕取出，表面淋上透明淋面。

2. 用抹刀将多余淋面抹掉。

3. 将小蛋糕用抹刀挑在烤好的饼干底上。

4. 将奶油挤在小蛋糕上，最后装饰上巧克力装饰件。

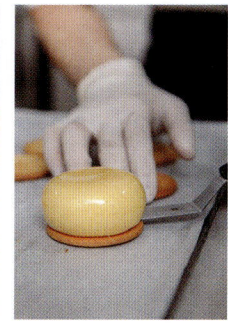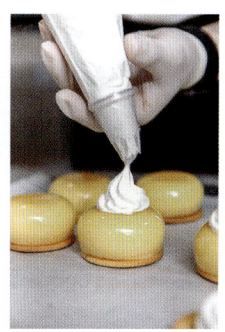

八、萨瓦兰

2017年阿布扎比糖艺西点项目模块F——神秘任务（吕浩然获奖作品）

（一）萨瓦兰面团

材料：

高筋面粉140克，砂糖10克，鲜酵母10克，全蛋80克，牛奶50克，盐1.5克，黄油45克

制作过程：

1. 将萨瓦兰面团配方中的材料称好。
2. 将高筋面粉、砂糖、鲜酵母、全蛋、牛奶倒入打蛋机内，搅拌混合。

3. 用桨状搅拌头搅拌5分钟，混合均匀。

4. 装入量杯中，表面包上保鲜膜，发酵至两倍大小。

5. 将发酵面团、软化黄油、盐倒入打蛋缸内，搅拌均匀。

6. 装入裱花袋，挤入模具中约五分满。

7. 再次发酵至八分满，放入烤箱，以170℃烘烤15分钟。

（二）百香果糖水

材料：

水500克，幼砂糖300克，柠檬果蓉60克，百香果果蓉140克，伯爵红茶5克，樱桃白兰地10克，香草荚1根

制作过程：

1. 将百香果糖水的材料准备好。

2. 将所有材料倒入锅中，煮开后焖 5 分钟。

3. 将糖水过筛备用。

（三）香蕉香缇奶油

材料：

淡奶油 200 克，幼砂糖 10 克，香草荚籽半根的量，香蕉果蓉 15 克

制作过程：

1. 将香蕉香缇奶油的材料准备好。

2. 将淡奶油、幼砂糖、香蕉果蓉倒入打蛋缸内。

3. 将香草荚刨开，取出籽，加入打蛋缸内。

4. 将香缇奶油打发至九成（可以挤裱状态），放入冰箱冷藏备用。

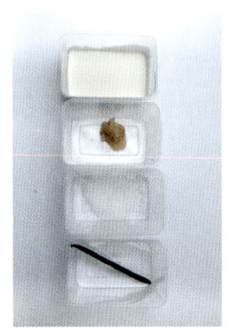   

（四）装饰与组合

材料：

杏桃果胶 100 克，草莓 10 个

制作过程：

1. 将萨瓦兰脱模，泡入糖水中，完全吸满糖水后放入烤盘中。

2. 表面刷上杏桃果胶。

3. 挤上香缇奶油，装饰上洗净的小草莓。

 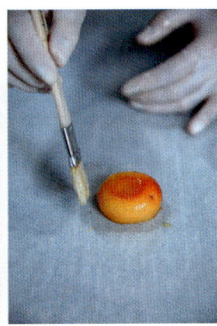 

第三章
巧克力造型

第一节　巧克力造型的原料

巧克力品种在市场上是非常多的，主要有两大类，一种是可可脂制品，另一种是代可可脂制品，可根据所需进行选取制作。

一、巧克力

应用在造型中的巧克力有黑巧克力、牛奶巧克力和白巧克力这三种，这三大类巧克力还可以根据巧克力中总的可可含量（包括可可脂和所有其他可可固形物）的重量百分比进行划分，例如市面上售卖的70%黑巧克力、32%牛奶巧克力等。

（一）黑巧克力
黑巧克力主要由可可脂和少量糖组成，硬度较大，可可脂含量较高，微苦。

（二）牛奶巧克力

牛奶巧克力主要由可可制品、乳制品和糖等组成，颜色呈棕色或浅棕色，甜度适中，富有可可和乳香风味。

（三）白巧克力

白巧克力中的乳制品和糖的含量相对较大，可可含量较少，甜度高。在使用白巧克力制作造型时，可以加入色素对其进行调色，使造型的颜色更加丰富。

二、可可脂

可可脂分为纯可可脂和代可可脂两种。

（一）纯可可脂

纯可可脂由可可豆加工而成，是一种天然的油脂，颜色呈淡黄色，常与油融性色素一起使用，用于给纯脂巧克力制作的造型上色。

（二）代可可脂

代可可脂是由精选棕仁油（月桂酸油）经过高温技术冷却、分离而取得棕仁油（月桂酸）油脂，再经特殊氢化，精炼调理而成的一种凝固性油脂，颜色呈白色。与油融性色素使用时，用于给代脂巧克力制作的造型上色。

三、油溶性色素

油溶性色素是巧克力造型的主要上色材料,可将其直接添加在液体巧克力中调色;也可将其和可可脂混合均匀,再借助喷枪、毛刷等器具对巧克力造型进行上色。

四、葡萄糖浆

葡萄糖浆又被称为液体葡萄糖,其甜度和黏度适中,具有良好的抗结晶性和抗氧化性等特点,一般和巧克力按照一定的比例混合制成巧克力泥。

第二节　巧克力造型的工器具

一、铲刀

铲刀前宽后窄，刀刃边缘平整、轻薄，若刀刃比较厚，须用砂纸磨薄、磨平。其多用于巧克力抹面和花形的铲制。

二、翘刀

翘刀前宽后窄，刀刃边缘应平整、轻薄；刀刃前端应柔软，可将边缘弯曲上翘；刀刃左边缘略微上翘，可使巧克力边缘出现不规则效果，也可使巧克力边缘产生双色效果。

三、锯齿刮板

锯齿刮板的纹路多变，粗细不等，使用方法相同，但使用不同的刮板所呈现的效果不同，可依据所需进行选取。

四、画笔

毛笔型号由粗至细变化，巧克力大面积上色用粗毛笔，局部上色用细毛笔。选择时以柔软且不易掉毛的毛笔为佳。

五、巧克力魔术棒

巧克力魔术棒一端较圆较宽，一端较尖较窄。其可利用本身形状变换出不同的样式，使用简便，造型美观。使用巧克力魔术棒制作产品成功率高，且变化空间很广，适合快速生产。

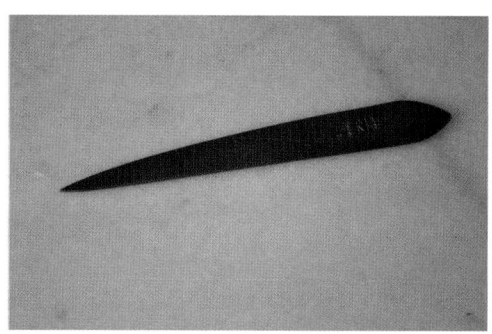

六、压模

根据形状划分，压模可分为花朵形、叶子形和几何形等；根据材质划分，压模可以分为不锈钢和塑料等。压模不论大小，使用方法相同，可用来压巧克力，使之出现相同的形状。选择压模时应选边缘薄，材质硬，不易变形的。

七、刀具

刀具在装饰件的制作中，主要起到整形和切制等作用。常使用的刀具有雕刻刀和美工刀等，使用时要保证刀面干净整洁。

八、擀面棍

擀面棍根据其材质不同，可分为木质、塑料 PP 材质、亚克力材质等。擀面棍的尺寸可以依据个人所需选取，其主要用于擀制巧克力泥制的配件或配件定型等。

九、毛刷

毛刷由手柄和刷头组成,具有不同的材质和样式,可根据所需进行选取。毛刷一般应用在刷色和清理配件表面碎屑等,方便快捷。

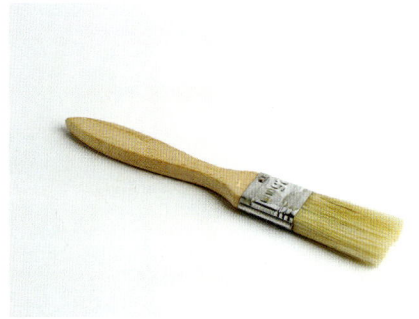

十、抹刀

抹刀和铲刀的用途类似,可用于巧克力的抹面和铲制。在进行大面积的抹面时,使用抹刀比铲刀更加方便、快捷。

十一、热风枪

热风枪是主要的加热工具，其是利用发热电阻丝的枪芯吹的热风对物体加热，在巧克力造型中的应用较广。

十二、巧克力专用熔化小锅

小锅十分轻巧，分为上、下两锅，应用于少量巧克力的熔化。使用时，在下锅中放水，在上锅中放巧克力，隔水加热熔化巧克力。

十三、巧克力恒温炉

巧克力恒温炉是巧克力熔化的工具,主要应用于大量的巧克力产品制作中。

巧克力恒温炉有专门调节温度的旋钮,可使巧克力在设定好的水温中进行熔化。在整个熔化巧克力的过程中,水温都是恒温的,而且还可以将熔化的巧克力保持一个恒温的状态,长时间的操作下,巧克力不用进行反复的熔化操作。

十四、喷枪

喷枪主要起到喷色的作用,最大的优势就是上色快,并且可以达到过渡色的效果。

第三节　基础技法介绍

在制作巧克力造型时，常用的基础技法有注模、抹、划、雕刻、搓、切、刷、刮、裱挤、粘和按压等，这些技法可单独使用，也可组合搭配使用。

一、注模

通过裱花袋裱挤或容器直接倾倒的方式，将液体巧克力注入模具中，晃平，静置冷却成型，该种技法使用的频率较高。

二、抹

使用工具(比如铲刀)将液体巧克力或调色后的可可脂抹制均匀，形成一个平整的面，再进行后续操作，常用于巧克力花瓣、叶子等片状配件制作。

三、划

使用尖锐的工具（比如刀具）在巧克力表面划制，形成所需形状或花纹等。

四、雕刻

使用雕刻工具将基础成型的巧克力配件雕刻成所需形状。常用于人物或动物的五官、身体结构等塑造。该种技法操作难度较大，极其考验操作者的技术。（图示为人物手部的制作）

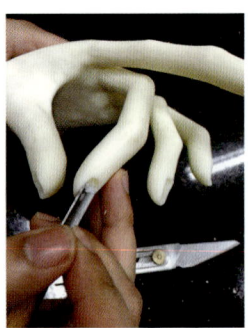

五、搓

利用手掌的压力,将材料以来回摩擦的方式处理成长条状,主要应用在巧克力泥条的制作中。

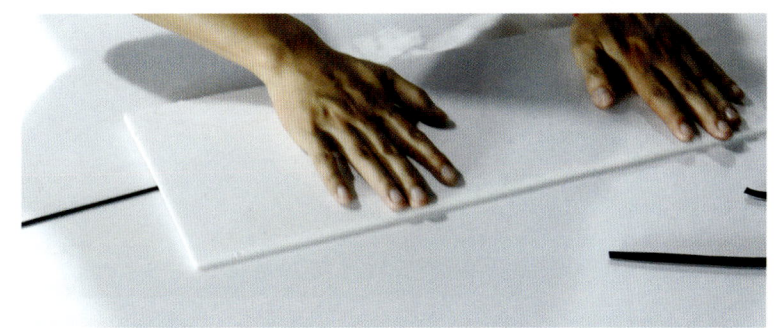

六、切

使用刀具将巧克力切断,常用于修整巧克力配件的外形。

七、刷

使用刷子（比如钢丝刷）在巧克力配件表面刷出木纹的质感。

八、刮

使用工具（比如胶片纸）在巧克力配件表面移动，去除表面多余的巧克力，使其变得光滑。

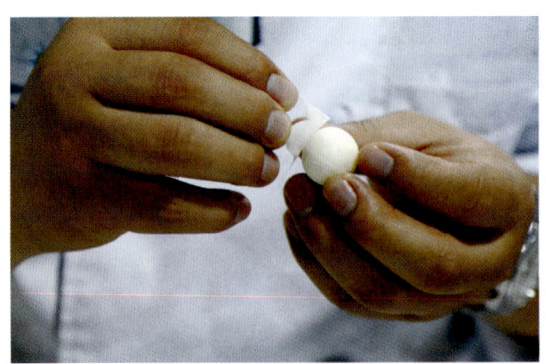

九、裱挤

使用裱花袋挤裱出巧克力，常用于挤裱型配件的制作、口径较小的模具注模和巧克力组装拼接等。

十、粘

通过粘的方式，使巧克力表面附着所需的装饰材料，营造出别样的质感。

十一、按压

将液体巧克力浇淋在工具上,再将其倒扣,用力向下压出所需形状。

第四节　基础配件

一、底座

底座中常用的表现形式有平面几何体、曲面几何体和异形等。

（一）平面几何体

平面几何体由若干个平面多边形组合而成，比如正方体、长方体、三棱柱、五棱柱、六棱柱和五边体等。

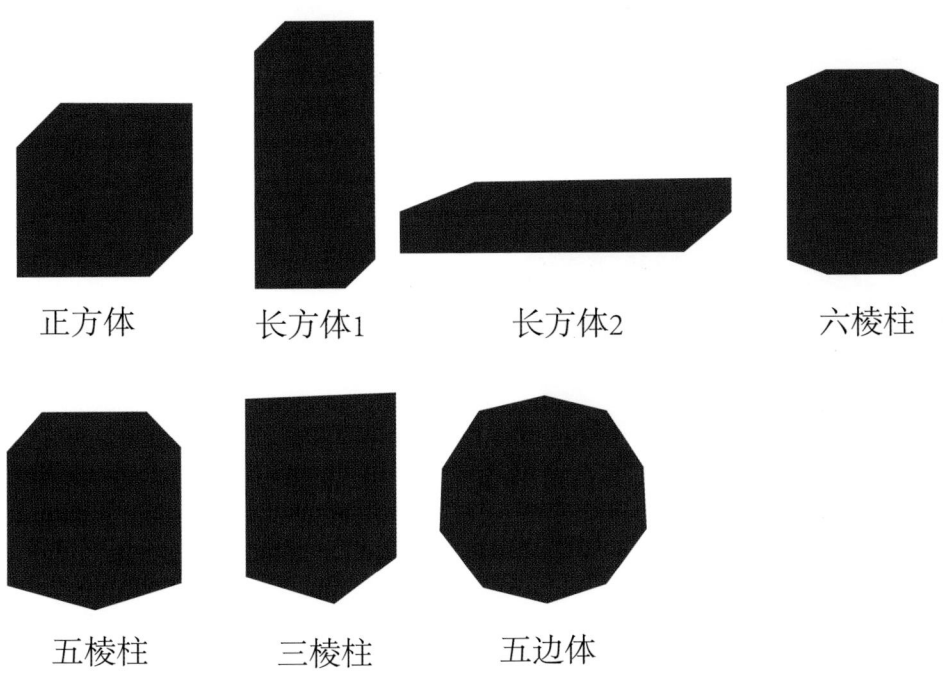

正方体　　长方体1　　长方体2　　六棱柱

五棱柱　　三棱柱　　五边体

（二）曲面几何体

曲面几何体由曲面或者曲面和平面一起组合而成，比如球体、椭圆、圆台体、圆柱等。

（三）异形

异形是不同于一般形体的底座样式，其形状各异，比如水果、蔬菜和植物种子等。

南瓜　　　　　　苹果　　　　　　梨

底座的制作方法大部分是通过注模完成，模具可以是直接购买的，也可以是自制的。待模具中的巧克力完全凝固，将其进行脱模，修理光滑。

示例：

1. 准备好所需样式的模具，将巧克力熔化（若使用纯脂巧克力，则需要调温），注入模具中，至达到所需高度，轻轻晃平，静置冷却成型。

2. 将其进行脱模。

3. 将其底部用加热后的调温铲修理平整。

4. 使用刀将四周边缘棱角削平。

5. 使用刮片将边缘修理光滑。

二、支架

支架的常用样式有各式线条和蛋形等，可单独使用，也可组合搭配使用。

（一）线条形

线条的种类有直线（具有确定方向性）和曲线（具有不确定方向性）。支架的样式一般是直线、曲线或两者的结合。

1. 常用直线样式参考。直线用作支架时，其角度根据所需进行调整，可以是垂直的，也可以是倾斜的。

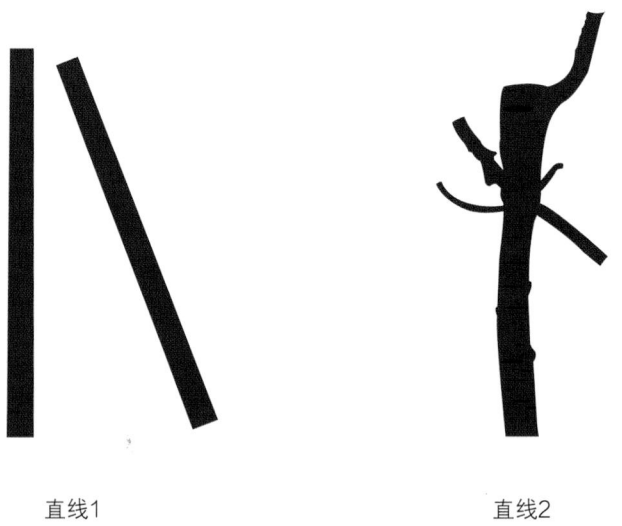

直线1　　　　　　　　　　直线2

2. 常用几何曲线样式参考。几何曲线的线条表达比较明确，简单明了，容易理解。常见的几何曲线有圆、椭圆和抛物线等。

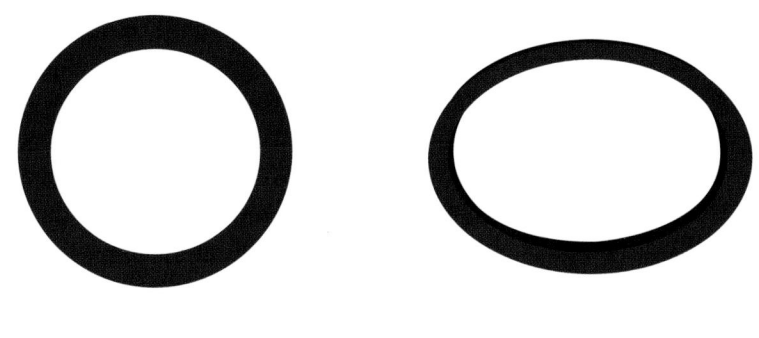

圆　　　　　　　　　椭圆

3. 常用自由曲线样式参考。自由曲线较为复杂，形状善于变化，比较有个性，在整体造型中使用的频率较高。

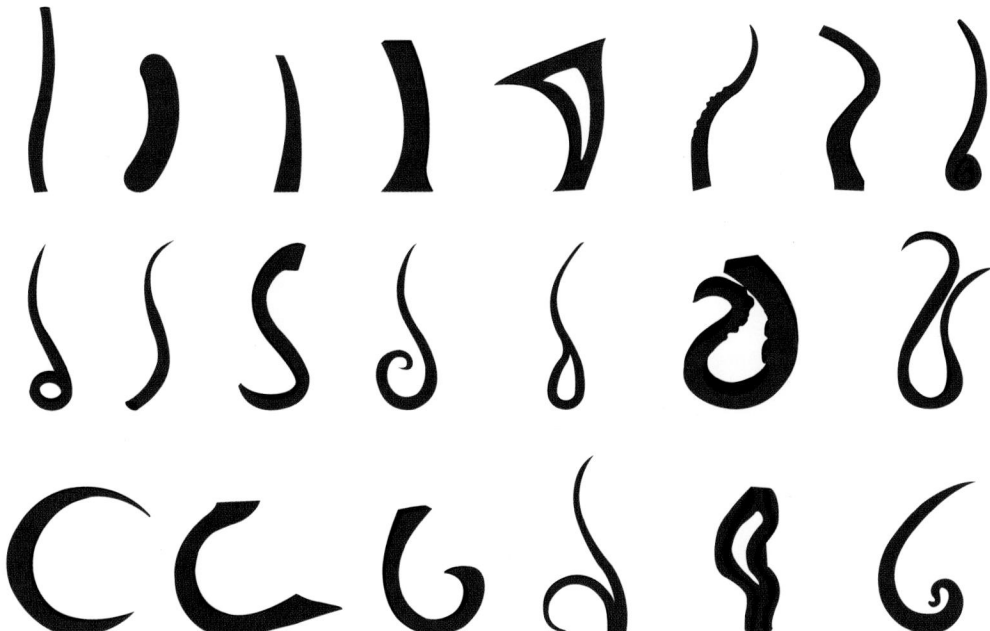

（二）蛋形

蛋形因为它独特的形状，在造型中的应用较多。将其作为支架使用时，根据所需将几个蛋形叠加在一起即可。

示例：

将液体巧克力注入准备好的模具中，达到所需高度后，晃平，静置冷却成型，脱模后将表面修理光滑。

三、人物

人物的表现形式根据制作所需，可以是整体，也可以用身体的某一部分代替整体，比如头部。从制作工艺上来看，人物的制作流程较为烦琐、难度较大、耗时较长。

示例：

1. 在纸上画出人的身体、头部、手臂、腿部和手的形状。先取出画有身体的纸，将其放在巧克力块上，用刀沿着形状刻出，再用刀修整出大形，最后将其修整圆润光滑。

2. 用抹刀粘取较浓稠的巧克力，分别放在身体的胸部和臀部，做出大形，再分别用胶片纸将其修整光滑。

3. 取出画有手臂和腿部的纸，将其分别放在巧克力块上，用刀沿着形状刻出，用刀修整出大形，最后修整圆润光滑。

4. 将手臂和腿部用较浓稠的巧克力粘贴在身体上，接口处用手指修整光滑。

5. 取出画有手和头部的纸，将其分别放在巧克力块上，用刀沿着形状刻出，再修整圆润，先将头部粘接在身体上，接口处修整光滑，再将手粘贴在手臂上。

6. 在熔化的可可脂中依次加入白色和蓝色油溶性色素，混合均匀，将其倒入喷枪中，在人物表面喷制均匀。

7. 用剪刀在胶片纸上剪下翅膀的形状，将白色巧克力淋在胶片纸上，待其凝固后脱模，最后用刀片将边缘修整光滑。

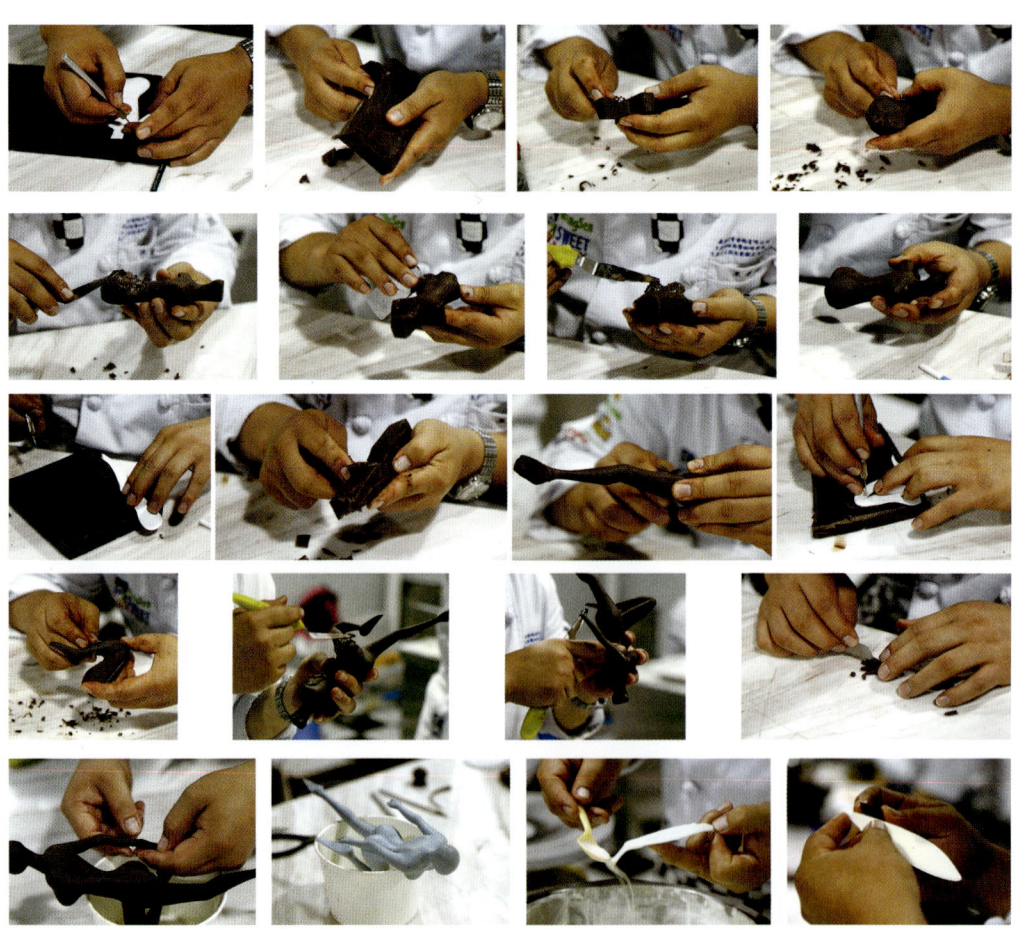

四、动物

　　巧克力造型中的动物包括禽鸟类（比如鸡、鸟）、昆虫类（比如螳螂、蜜蜂）、哺乳动物类（比如大象、熊猫）、水族类（比如鱼、海豚）等。动物可整体制作，也可局部代替整体进行制作，需注意局部要突出动物的明显特征，比如以大象的鼻子或象牙来代替整个大象，体现出一定的艺术效果。

示例：呆萌小象

　　1. 准备半圆形（大、中、小）和椭圆形（大和小）硅胶模具，在其内部倒入白色巧克力，凝固后脱模。除大的椭圆形做成空心的，其余全部为实心。

　　2. 取部分半圆形（大、中、小）和椭圆形（小）分别各自进行两两拼接，制成球体和椭圆形球，用胶片纸将表面修整光滑。取大号球体，底部放在加热后的铲刀上，加热至平整。

　　3. 在熔化的可可脂中分别加入油溶性色素，混合均匀，制成蓝色、黑色、白色、浅蓝（蓝色和白色）可可脂。

4. 身体：将中号圆形球粘接在大号圆形球体上，作为小象的身体。

5. 鼻子：在中号圆形球体上用较浓稠的巧克力粘贴3个半椭圆（小），作为小象的鼻子。用铁丝在鼻头处刻出凹槽，作为鼻孔。

6. 耳朵：将2个空心椭圆形（大）粘接在头部两侧，作为小象的耳朵。

7. 手臂和腿部：将圆球（小）粘接在身体上（4个），作为小象的手臂与腿部。

8. 眼球：将圆球（小）的一面粘取蓝色可可脂，待其凝结，在上部用黑色可可脂画出眼睛，最后用勾线笔粘取白色可可脂，在眼球上点出高光。

9. 将浅蓝色可可脂用喷枪在小象身体上均匀地喷色。

10. 用较为浓稠的巧克力将小象的眼睛粘贴在小象的鼻子上端。

五、物件

物件侧重于生活中常见的物品，比如杯子、台灯、书桌、书籍、汽车和箱子等，营造出一定的生活气息。其中箱子是最为常用的基础配件,应用范围较广。

示例：箱子

1. 将适量巧克力倒在kt板上，用抹刀抹制所需厚度。

2. 待巧克力未完全凝结时，依照盒子尺寸，用刀刻出长方形（上部和底部各1个，侧面4个），再刻出若干2厘米宽的长条，将kt板倒扣，防止巧克力翘边，等待其凝固。

3. 将长方形取出，将侧面与底部粘接，用冷冻剂冷却，至完全凝固。

4. 将长条取出，粘在箱子侧面四周，其中稍长侧面的对角线处贴上长条，作为正面。

5. 将长条拼接处用刀修理平整，缝隙处挤上液体巧克力，用手抹平整。

6. 将上部长方形取出，在四周粘接上长条，作为箱盖。

7. 使用铁刷将箱子上部和贴长条处刷出纹路，再用毛刷刷掉多余巧克力屑，呈现出木头质感。

六、花卉

巧克力花卉是巧克力造型的常用配件。将巧克力花卉按照技法来分，可以分为铲花型和手工拼接型。

（一）铲花形

铲花就是借助铲刀或抹刀将巧克力卷起成花形。铲花的类型多样，按照颜色划分，可分为单色和夹色铲花两种。

1. 单色铲花。单色铲花只用一种颜色的巧克力进行制作。

示例：康乃馨

（1）将粉色巧克力放在大理石边缘，用铲刀均匀地抹平，边缘四周毛边用铲刀修饰整齐。

（2）右手拿铲刀，食指压在巧克力表面，铲刀正对着巧克力的尖端，角度保持45°左右。

（3）食指不用力，保持铲刀倾斜往上直推，铲出边缘不规则的花形。

（4）将不规则花形往一起集中，根部粘在一起，一瓣一瓣地往一起拼，形成一朵圆形康乃馨花球。

2.夹色铲花。夹色铲花是使用两种颜色巧克力进行组合制作。

在制作夹色铲花时，先抹一层巧克力面，待其未完全凝结，用锯齿刮板刮出纹路，留出缝隙，再在表面添加另一种颜色的巧克力，抹平，再根据所需铲出花型。

示例：梅花

（1）将黄色巧克力放在大理石边缘，用铲刀均匀地抹平，边缘四周毛边用铲刀修饰整齐。

（2）用锯齿刮板在巧克力表面刮出条纹状。

（3）在黄色巧克力面放上白巧克力，抹平。

（4）将铲刀与巧克力面呈90°角，刀的1/4留在巧克力面里侧，往前铲半圆后停顿，一共铲出5个半弧形花瓣。

（5）将铲刀的1/3处留在巧克力面里侧，右手拿铲刀，左手食指放在铲刀最边缘，略微伸出指尖，轻轻靠在巧克力表面，铲刀与巧克力面边缘保持约15°角，手指不使劲，双手配合向前直推铲出花形，再将其卷起成立体花形。

（二）手工拼接型

手工拼接制作花卉时，一般会制作花托和花瓣，再进行组装。

1. 花托制作。花托是由不同形状的几何体堆积拼接而成，比如半球形、圆柱形和球体等，具有一定的支撑作用，几何体可以单独使用，也可以组合使用。花托的形状和大小决定了花卉的整体外形和大小。

示例：水滴形模具+半球模具

（1）将液体巧克力分别注入两个模具中，晃平后冷却，待其完全凝固，脱模。

（2）取出两个水滴形巧克力，先两两拼接，将其底部修理平整。

（3）将另外一个半球带有弧度的一面修理平整，与其组合在一起，制成花托。

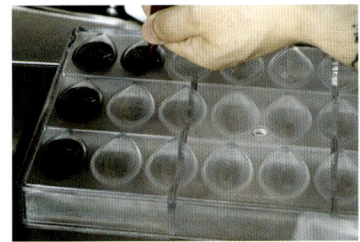  

小贴士

花托顶部的几何体可依据所需使用空心的或实心的。若是几何体过大，则建议使用空心的，这样可以减少花卉整体重量，方便后期拼接，并且节省制作材料。

在制作空心几何体时，模具中注入巧克力后，待其冷却至表面边缘处结一层壳时，立刻倒扣模具，去除内部多余巧克力，最后静置冷却成型，再脱模。

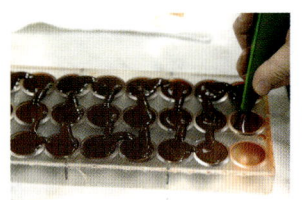   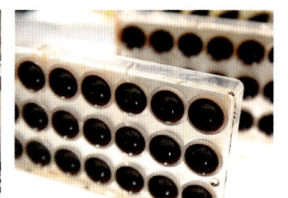

2. 花瓣制作。在制作花瓣时，常用的有三种成型方式，分别是工具成型、模具成型和手工（划制）成型。根据所需确定花瓣的形状，选取成型方式进行操作。

（1）工具成型。常用的工具有巧克力魔术棒或刀具，该类工具的共同点是外形较为细长，做出来的花瓣大多呈羽毛形状，花瓣可做带弧度或不带弧度的。

示例：

准备：

将玻璃纸裁切成长条形，其宽度要比花瓣长度略长，保持干燥整洁。将大理石进行升温，再放上裁切好的玻璃纸，使其与桌面贴合，保证其表面干燥、整洁。

制作过程：

① 使用勺子将巧克力浇淋在巧克力魔术棒（或刀具）表面，再迅速倒扣在玻璃纸上，稍微按压出形状后，立刻抬起魔术棒，制成花瓣。重复该动作，直至将玻璃纸粘满。注意花瓣与花瓣之间的空隙，按照同样的方法进行后续花瓣的制作，至达到所需花瓣的数量。

② 将其轻轻取下，放置在平整的地方，冷却定型。待其完全凝固，轻轻脱模，将花瓣统一放置在干燥、整洁的地方。

小贴士

1. 若要使花瓣具有弧度,可将粘有花瓣的玻璃纸放入带有弧度的模具中,比如U形模具。制作带有弧度的花瓣时,动作要快,避免出现后面花瓣在制作,前面的已经凝固的现象,否则后续定型时,花瓣极易破碎。

2. 随着花瓣制作次数的增加,工具上会粘有多余的巧克力,需将其清理干净,再进行后续制作。

(2)模具成型。模具成型可分为自制模具成型和市售模具成型两种。

自制模具成型就是使用具有一定硬度和防粘作用的片状物体,比如胶片纸,将其二次加工成花瓣的样式,大小、形状和弧度等可自己掌握。

市售的模具成型是使用直接在市面上购买的模具进行制作,比如半球模、水滴模具等,花瓣的形状和模具的形状有关。

示例1：自制模具成型

① 在胶片纸上画出所需花瓣的形状，用剪刀沿着形状剪出，制成花瓣模具，保持表面干燥、整洁，备用。

② 将液体巧克力浇淋在花瓣模具表面，去除多余巧克力，冷却静置。

③ 待其接近凝固，在表面再浇淋一层巧克力，冷却静置，重复几次操作，至达到所需厚度。

④ 待其凝固，轻轻脱模，统一放在干燥、整洁的位置，备用。

示例2：市售模具成型

① 根据所需挑选模具，将其用酒精擦拭干净，保持干燥整洁。再将液体巧克力注入模具中，轻轻震动模具，排出内部气泡，晃平。若需提前上色，直接在模具内部喷涂带色可可脂，待其凝结，再注入液体巧克力。

② 待其四周结一层所需厚度的外壳，立刻倒扣模具，同时轻敲模具，倒出内部多余巧克力。

③ 将模具倒扣或立起，静置冷却至凝固。

④ 将模具倒扣，进行脱模，得到花瓣，统一放在干燥、整洁的位置，备用。

（3）手工（划制）成型。手工（划制）成型主要是将巧克力抹在胶片纸上，待其未完全凝固时，用刀快速划出花瓣的形状，灵活性极强，出品量大，花瓣的弧度可调整。

示例：

① 将胶片纸放在加温后的大理石上，使两者紧贴在一起。根据所需，在胶片纸上刷上带颜色的可可脂。

② 待可可脂凝固，在表面抹上巧克力，重复抹制几层，直至达到所需厚度。

③ 将其从中间一切为二，待胶片纸上的巧克力接近凝固时，使用刀具在表面快速划出花瓣形状，再从大理石上取出，冷却定型。

④ 若花瓣需做出弧度，可稍微弯曲胶片纸，用胶带固定或放入模具中，比如圆柱形或U形模具，冷却定型。

⑤ 将花瓣轻轻脱模，统一放在干燥、整洁的位置，备用。

3. 花卉拼接。将花瓣按照一定的顺序，拼接在花托上。操作时，每层花瓣的长短要保持一致。其间可使用质地较稠的巧克力当作黏合剂，也可以将花瓣根部稍微加热熔化，再拼接。

示例：

（1）将巧克力降温至稍微浓稠状态。

（2）将制作好的花瓣底部用小刀切平整，再粘上少许浓稠的巧克力，依次粘接在花托上，其间可用急速冷冻剂冷却凝固。第一层约粘接6片花瓣。

（3）将花瓣粘接在第一层的两片花瓣之间，作为第二层，直至将花粘圆润、饱满，一共约粘接三层。

七、叶子

　　叶子具有不同的样式，是巧克力造型中的常用配件，常和植物、人物和动物等搭配使用，应用范围广。

叶子在制作时，和花瓣的制作方法具有一定的相似之处，常用的成型方法有手工（划制）成型和模具成型。

（一）手工（划制）成型

示例1：

1. 将整片胶片纸放在kt板上，表面刷上黄色可可脂，待其凝结，再刷上绿色可可脂。

2. 待绿色可可脂凝结，在表面抹一层白色可可脂。

3. 待绿色可可脂凝结，在表面抹上黑巧克力，重复抹制几层，至所需厚度即可。

4. 待黑巧克力接近凝固时，用刀片划出三角形，将其弯曲，用圈模固定，冷却凝固后脱模，制成叶子，备用。

（二）模具成型

示例：

1. 将胶片纸用剪刀剪出叶子的形状，再将其放在一片叶子纹路模具中，用热风枪进行加热，使其变软，再盖上另一片纹路模具，压出纹路，制成叶子模具。

2. 用喷枪在叶子模具上喷上绿色可可脂，待其凝结，用毛刷在模具上刷几层黑色巧克力，至达到所需厚度，凝结后脱模。

八、巧克力泥条

巧克力泥条是用巧克力泥制作而成的条状配件，可弯曲成所需样式。

巧克力泥可以使用巧克力和葡萄糖浆按照一定的比例而得，也可直接将纯脂巧克力快速搅打成泥状使用，可根据所需进行选取。

示例：

将巧克力泥揉搓成圆柱形，再将其用手（或kt板）搓成长条形，最后将其弯曲成所需样式。

九、齿轮

齿轮在巧克力造型中的应用较多，其样式繁多。使用时，可单个使用，也可多个进行组合拼接使用。

根据齿轮的成型方法有手工成型和模具成型。

（一）手工成型

示例1：

1. 在纸上画出齿轮样式，剪出，再取一张胶片纸，在上面放上巧克力，抹平。

2. 待巧克力接近凝固时，用刀片依齿轮样式刻出形状。

3. 待其凝固，取出刻好的齿轮，在表面喷一层棕色可可脂。该种适用于质地较薄的齿轮制作。

示例2：

1. 在kt板上画出齿轮的样式，用刀沿着样式划制（不切断），将胶片纸沿着样式围出形状。

2. 在模具中注入巧克力，至所需高度。

3. 待其凝结后进行脱模，用刀将其表面修平。

4. 将其边缘处用刀具刻出齿状。

（二）模具成型

示例：

将液体巧克力直接注入齿轮形硅胶模具中，晃平，冷却后脱模。

第五节　造型组合

一、艺术造型（巧克力造型一）

材料：

白巧克力适量，黑巧克力适量，红色素适量，黄色可可脂适量，绿色可可脂适量，橙色可可脂适量，黑色可可脂适量，色粉适量

配件：

圆柱形底座1个，花瓶形底座1个，支架1个，蜻蜓1个，花卉1朵，叶子若干，箭若干

准备：

在可可脂中加入适量油溶性色素，用均质机混合均匀，分别制成黄色、绿色、橙色和黑色可可脂，保温备用。

制作过程：

1. 将支架、底座、蜻蜓（身体）和箭头（一大一小）的样式画在kt板上，用刀沿着形状刻制，不要穿透kt板，将胶片纸裁切出合适大小，插入刻制的形状中，围出造型的基本形态，用透明胶带粘住接口。在制作好的模具中注入巧克力，箭头模具中注入白巧克力，其余配件的模具中注入黑巧克力，直至所需高度，静置冷却。

2. 箭柄：用剪刀剪出11根软管，长度30～50厘米，具体长度根据所需而定，将底部用胶带封底，挤入黑巧克力，挤满后用胶带封顶，根据所需进行弯曲定型，静置冷却。

3. 蜻蜓：将蜻蜓身体脱模，边缘用刀片修整光滑，用刀片将尾部划出纹路。

4. 在纸上画出蜻蜓的4个翅膀，再放在胶片纸上用笔描出形状，用剪刀剪下。用毛笔粘取黑色可可脂，在裁好的胶片纸上画出翅膀纹路。

5. 待其凝结，表面淋一层白色巧克力，待其冷却后在边缘用喷枪喷上橙色可可脂。

6. 蜻蜓身体用喷枪喷上绿色可可脂，身体和眼球部位用毛刷刷上适量色粉。

7. 箭：将大小箭头脱模，边缘修整光滑，头部薄尾部厚，箭柄脱模，备用。

8. 将两个小箭头分别组装在大箭头两面中间部位。

9. 在箭头边缘喷上橙色可可脂。

10. 将kt板裁切组合成长方体，用胶带粘住四边，使其固定。再倒入3~5厘米厚的白巧克力，冷却定型后用刀片裁成长短不一的平行四边形，制成箭羽。

11. 花卉：在半球模具中倒入白色巧克力，将多余巧克力用铲刀铲去，冷却静置。

12. 用手指粘取适量黑色可可脂，弹入小号椭圆形球体模具中，再用喷枪依次喷上黄色和绿色可可脂，待其凝结，倒入白色巧克力，待其凝结成所需厚度，将内部多余巧克力倒出，形成空心球体。

13. 将玻璃纸裁至所需大小，放在kt板上，用巧克力魔术棒粘取适量熔化好的白色巧克力，将粘取巧克力的一面朝下，垂直压出花瓣，慢慢抬起魔术棒，将其快速往后拉。

14. 将其放在U形模具中定型。

15. 将花瓣脱模，轻轻取下。

16. 将两个半圆球两两拼接成球体，再取一个半球，顶部放在加热的铲刀上，修理平整，将其粘接在球体上。

17. 将椭圆球体脱模，粘接在球体上，作为花托。

18. 将花瓣沿着花托进行粘接，第一层约7片花瓣，至整体花形呈圆形。

19. 粘接第二层时，花瓣粘接在上一层两片花瓣之间，粘接至该层花形呈圆形。

20. 按照同样的方法，继续进行花瓣粘接，整体粘接共计5~8层，直至将花卉粘接圆润。

21. 叶子1：将胶片纸用剪刀剪出叶子的形状，将其放在纹路模中，用热风枪边加热边压出纹路，制成叶子模具。

22. 在叶子模具上先喷上黄色可可脂，待其凝固，再喷上绿色可可脂。

23. 待可可脂凝固，在表面刷上几层黑色巧克力，至所需厚度，静置冷却。

24. 叶子2：将胶片纸放在kt板上，用毛刷先刷上黄色可可脂，待其凝结，再刷上绿色可可脂，待其凝结，在表面倒少量白色巧克力，抹平。

25. 待巧克力接近凝结，倒入适量黑色巧克力，用铲刀抹平。

26. 待巧克力接近凝结，用刀片划出长三角形，将其弯曲，用胶带粘接定型，完全凝结后脱模。

27. 组装：取一块巧克力，将其修理成长方体，在花瓶形底座的顶部中心处刻一个与长方体巧克力一样大小的凹槽，再将长方体巧克力粘在凹槽里，粘紧。

28. 在支架底部刻出与长方体巧克力大小一致的凹槽。

29. 将花瓶粘在圆柱形底座上，底座上粘接支架。

30. 将巧克力泥搓成细长条，将其缠绕在支架的前端和尾端。

31. 将箭柄依次粘接在支架中心位置。

32. 将支架部分喷上棕红色（黑巧克力和红色素混合均匀），等待其凝结。

33. 将花粘在支架的侧边，之后可根据所需再粘接两层花瓣，使其花形更大。

34. 将叶子1围绕花进行粘贴。

35. 将叶子2沿着叶子1的缝隙进行粘接，至粘满一圈。

36. 将做好的箭头和箭羽组装在箭柄上。

37. 将蜻蜓的身体粘贴在支架顶端，再将翅膀依次粘接在身体上。将支架前端和尾端缠绕的巧克力泥用毛刷刷上色粉。

第三章
巧克力造型

二、艺术造型（巧克力造型二）

材料：

白巧克力适量，黑巧克力适量，牛奶巧克力适量，红色素适量，红色可可脂适量，黄色可可脂适量，绿色可可脂适量，白色可可脂适量，棕色可可脂适量

配件：

不规则底座1个，消防栓1个，消防栓头1个，消防栓盖3个，消防栓水管3个，窨井盖1个，圆柱形底座1个，路牌1个，水管形支架2个，气流形支架1个，水桶1个，水流形配件1个，刷子1个，花卉1朵，叶子若干，巧克力泥条若干，小球若干，气罐1个

制作过程：

1. 将白巧克力、黑巧克力、牛奶巧克力分别调温，备用。在可可脂中加入适量油溶性色素，用均质机混合均匀，分别制成红色、黄色、绿色、白色和棕色可可脂，保温备用。

2. 再调温一盆白巧克力，加入适量红色素，用均质机混合均匀，制成红色巧克力。

3. 消防栓：将红色巧克力注入消防栓模具中，静置，冷却凝固。

4. 消防栓头：将红色巧克力注入消防栓头模具中，静置，冷却凝固。

5. 刷子头：将牛奶巧克力注入刷子头模具中，静置，冷却凝固。

6. 气罐：将牛奶巧克力注入气罐模具中，稍微静置。待气罐的巧克力厚度达到0.8厘米时，将内部多余巧克力倒出，继续静置，冷却凝固。

7. 球：将不同颜色的可可脂分别在半球模具上撒不规则的小点，呈现出彩

色状态。再注入白巧克力，至满，待其凝结成所需厚度，将内部多余巧克力倒出，用铲刀将表面刮平，静置，冷却凝固。

8. 花瓣1（黑白相间）：在白色巧克力中挤入几条黑色巧克力，呈线条状，将吹好的气球蘸入巧克力内一小半。举起，将多余巧克力顺势流下，整体呈椭圆形，待其冷却凝固，进行脱模。共计制作8片花瓣。

9. 将黑巧克力分别注入支架、圆柱形底座、窨井盖和不规则底座等剩余配件的硅胶模具中，静置，冷却凝固。

10. 桶：将黑巧克力注入桶的硅胶模具中，至满，静置，待桶的巧克力厚度达到1厘米后，将内部多余巧克力倒出，继续静置冷却。

11. 气罐头：将牛奶巧克力放入料理机中，高速搅打成泥状，制成巧克力泥，将其搓成柱状，作为气罐头。

12. 水流形配件：取适量巧克力泥，塞入水流形的模具中，定出大型，将其脱模后，继续进行修整和定型。

13. 巧克力泥条：将黑巧克力放入料理机中打成泥，然后搓出若干条状。用网架将巧克力条表面滚出纹路。

14. 桶把手：将其中一个黑巧克力泥条弯成曲线形，作为桶把手，静置，冷却定型。

15. 花瓣2（红色）：将适量红色可可脂倒在玻璃纸上，刷匀，形成所需纹路。待其凝固，倒上黑巧克力，用抹刀抹平，在其未完全凝固前，用小刀划出花瓣形状，再固定在亚克力板上，进行弯曲定型。

16. 叶子：将胶片纸剪出树叶形状，放在一片纹路模上，用热烘枪加热表面，使其变软。再放上另一片模具，压出纹路。将黄色和绿色可可脂分别调温，先在树叶形胶片纸上刷一层黄色可可脂，待其凝结，再刷一层绿色可可脂，待其凝结，在表面涂上一层黑巧克力，可根据叶子厚度所需，增加刷涂巧克力的次数。冷却后脱模。

17. 路牌：将软玻璃裁切出路牌形状，在玻璃纸上涂上白色可可脂。放上路牌模具，倒入黑巧克力，表面盖上一层玻璃纸，用刮板将其刮平，制成路牌，静置，冷却凝固。

18. 半成品组装：将前期注模的所有巧克力配件小心地脱模取出，备用。

19. 将圆柱形底座放在热的锅底上，加热至平整。

20. 将两根水管形支架依次粘在底座上。

21. 将水桶固定在支架上。

22. 将气流形支架固定在桶旁边。

23. 将搓好的线条组装在支架上。

24. 将线条进行修整，使其呈现的状态更加自然。

25. 在其表面喷上棕色可可脂，晾干，作为整体造型的上半部分。

26. 在黑色巧克力配件（水管、窨井盖、不规则底座和消防栓盖）的表面喷上棕色可可脂。

27. 将消防栓头粘接在消防栓顶部，表面喷上红色可可脂。

28. 将消防栓粘在不规则底座上，将组装好的上半部分粘在消防栓上。

29. 花卉拼接：取一个消防栓盖作为花的底座，将黑白相间的花瓣粘在底座上。

30. 粘接时，三片为一层，共计粘接两层。

31. 取出红色花瓣，沿着上层两片花瓣之间开始粘接，共计粘接六片，作为花卉的第三层。

32. 将花粘在支架上。

33. 取红色花瓣，进行第四层粘接，直至将花拼接圆润饱满。

34. 成品组装：将水管配件粘接在消防栓上，共计三个。

35. 将窨井盖粘在水管上。

36. 将水流形配件粘在桶内。

37. 将叶子粘在支架的接口处。

38. 将锅加热，将两个半球拼成小球。

39. 将小球粘在叶子的接缝口上。

40. 将剩余两个消防盖和路牌喷上红色可可脂。

41. 将其粘在消防栓上。

42. 使用黑巧克力泥做出刷子手柄，将其和刷头组装在一起，并且在表面刷上色粉，再将气罐头组装在气罐上，粘接在气流形支架上面。

第四章 糖艺造型

第一节 糖艺造型的原料

一、艾素糖

该种糖的甜度较低,吸湿性弱,抗还原能力强,是制作糖艺造型的理想原料。

二、色素

常用的色素可以选择水油两用的,赋予糖艺造型多样的色彩。

第二节　糖艺造型的工器具

一、气囊

气囊是用来吹糖的工具，主要的组成部件是铜管和气囊。

基本作用流程是将铜管加热后，将糖球包裹在铜管一端，然后用手捏气囊使其进气，从而把糖球给吹起来，需要一边吹一边塑形。

二、喷火枪

喷火枪是糖艺造型的主要加热工具，使用频率较高，可直接作用在糖体表面。

三、温度计

温度计主要用于熬糖时测量糖浆的温度。

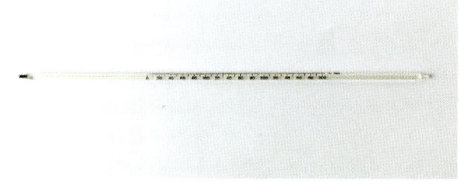

四、酒精灯

酒精灯是糖艺制作的另一种加热工具，可用来加热操作工具或糖体，同时起到消毒的作用。

五、纹理模具

纹理模具表面带有纹理，具有耐高温的特点。应用于糖艺制作时，可使制品具有清晰的纹路，呈现的效果更加生动逼真。

六、剪刀

其主要是对糖体进行剪裁，达到想要的长度或厚度等。

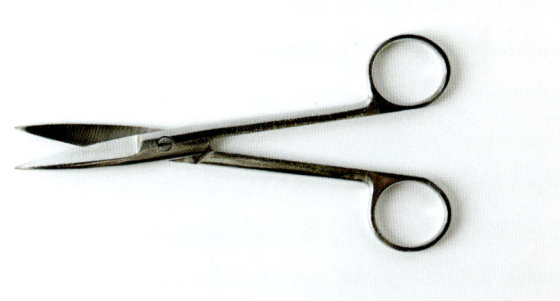

七、玻璃量杯

应用于糖艺制作的玻璃量杯，应选用质地厚实和耐高温的。

在使用玻璃量杯时，主要用来盛装熬好的糖液，可以用作调色容器，也可以充当倾倒糖液的中间器具（能很好地控制糖液的出量）。因其耐高温的特性，盛装糖体后可放于微波炉中进行加热，方便快捷。

八、一次性纸杯

一次性纸杯的用途和玻璃量杯有共同之处，均可用来装熬制好的透明糖，后期可以根据个人所需进行调色，并且可以加热，方便快捷，解决了调制多种颜色时，没有过多盛装器具的问题。纸杯有大小之分，可根据所需进行挑选购买。

九、耐高温不粘垫

耐高温不粘垫的材质多为食品级硅胶，具有耐高温、防粘和易清洗的特点。此外，其底部具有密集的防滑纹理，吸附力强，可以吸附在各种操作台上。

十、糖艺灯

糖艺灯主要由灯头和操作台面等组成，在糖艺制作中起到给糖体加热和保温的作用。

常用的糖艺灯的灯头有一个或两个，灯头上有散热孔，可以降低灯管周围的温度，延长使用寿命；操作台面主要用来放置糖体或进行糖艺制作。

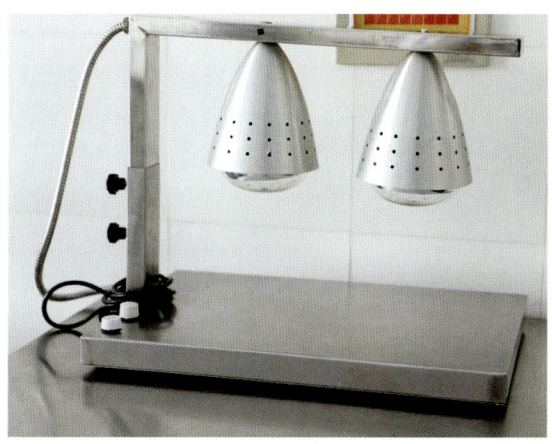

十一、除湿机

除湿机又叫作抽湿机，主要用于将潮湿的空气抽入机内，将其处理干燥并且排出机外，如此循环使室内保持合适相对湿度。糖艺的操作湿度在30%~40%，对于气候较潮湿的地区，想要制作出光亮的拉糖制品，除湿机是非常有必要的。

十二、糖艺支架条

糖艺支架条的材质为硅橡胶，具有耐高温、抗老化和柔韧性好的特点，其有良好的生理稳定性和回弹性，且不易变形。支架条表面光滑，边缘整齐，柔软且可塑性强，可随意改变造型，常用于支架和底座的制作。

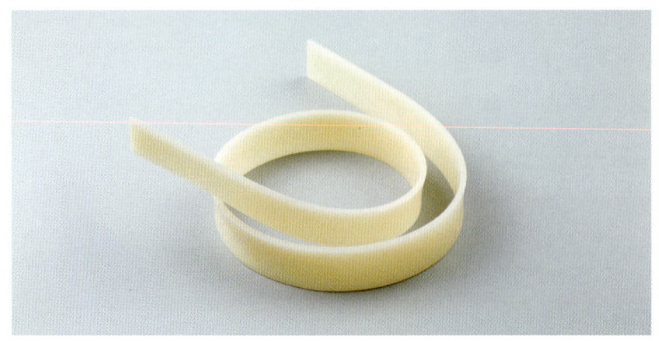

十三、圆球模具

圆球模具由两个半圆组成，其材质为硅胶，具有耐高温、扛拉伸和抗老化的特点，常用于球形糖艺制品制作。

十四、糖艺空心支架管

糖艺空心支架管也叫作高温软管，材质为食品级硅胶，形状为空心的圆柱形，有粗细之分，具有一定的长度。其颜色多为透明，具有耐高温的特点，常应用于支架或其他配件的制作。

十五、糖艺雕塑刀

糖艺雕塑刀有不锈钢和亚克力材质的，主要用于糖艺制品的塑形。市面上常以套为单位进行售卖，一套有4个或6个不等，每一个工具的形状不同，用法也不同，要根据实际制作所需进行选取。

第三节 基础技法介绍

在制作糖艺造型时,常用的方法有拉糖、吹糖、淋糖、压、翻折、卷、剪、切、滴、描、裱挤、戳、划、搓、包、粘、折叠和上色等。

一、拉糖

其可分为初始拉糖和后期拉糖两个阶段,两者的侧重点不同。

初始拉糖阶段是将柔软透明的糖体用手多次反复拉制与折叠,充入气体,气体在糖体中被挤压,产生折射,使糖体呈现出一定的光泽感,同时起到降温的作用,侧重于糖体的光泽度。

后期拉糖阶段是通过拉制的手法制作糖艺制品,常用于彩带、花瓣和糖丝等制作中,侧重于糖体的塑形。

 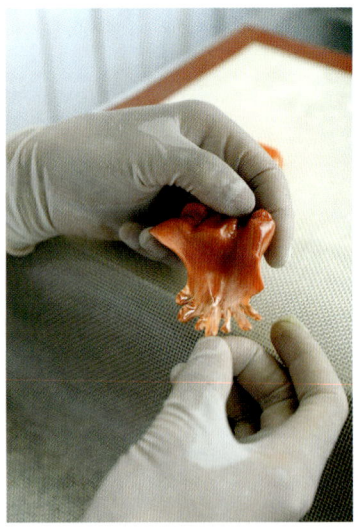

二、吹糖

其是用手挤压气囊,将气体鼓入整体温度均匀且质地柔软的糖体中,糖体在压强的作用下产生膨胀,再用手对其进行艺术造型。该技法常用于吹球、草莓、人偶和动物等制品的制作。

三、淋糖

其又称为流糖,就是将熬煮好的糖液倒入模具中,多用于一些造型类的支架和底座的制作。

四、压

用工具（刀具或压模）在糖体表面压制出纹路。

五、翻折

使用双手将糖体不断地翻动折叠，使其表面更加光亮。

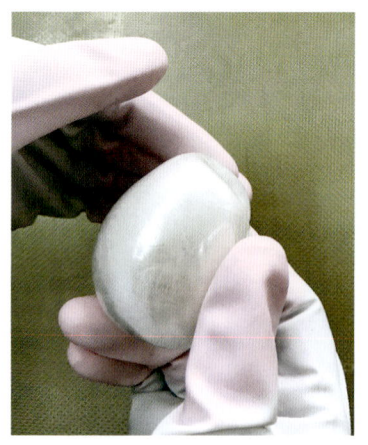

六、卷

通过卷的方式，将糖体弯折成所需样式。

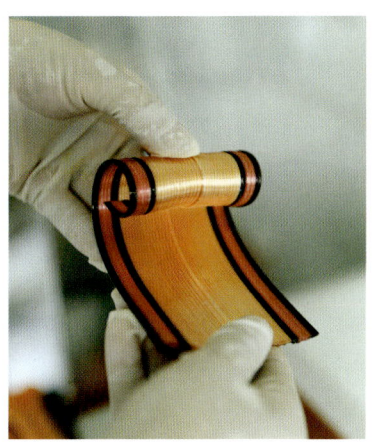

七、剪

使用剪刀等工具将糖体断开。该技法的操作频率较高，不仅可以剪断糖体，还可以进行塑形，比如人物或动物的眉毛制作。

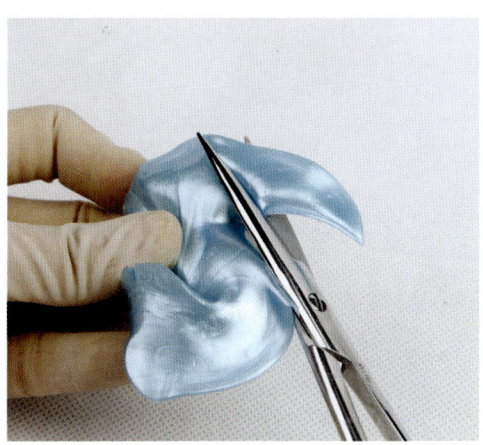

八、切

使用刀具将糖体切断,多用于质地较薄的配件中,比如彩带后期的切制。

九、滴

将糖体加热,熔化的糖液滴在配件或高温垫上,常用于眼球、圆形小配件等的制作。

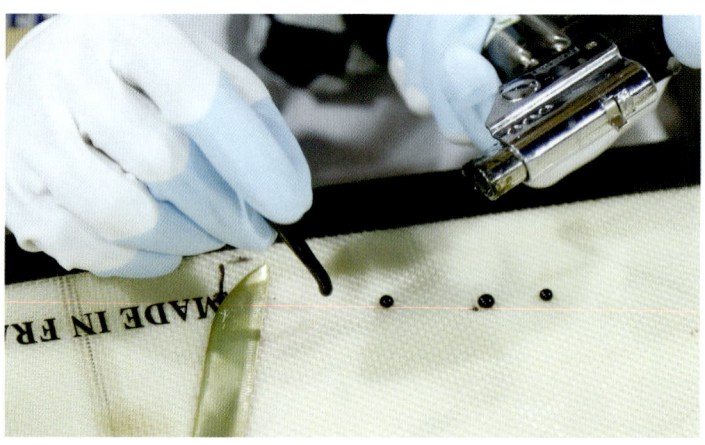

十、描

使用食用色素笔在配件上描画出花纹,丰富配件样式。

十一、裱挤

将糖液装入自制的纸制裱花袋内,再裱挤出所需形状,操作要灵活。

十二、戳

使用长条形的工具（比如糖艺雕刀）将糖体戳出所需形状。

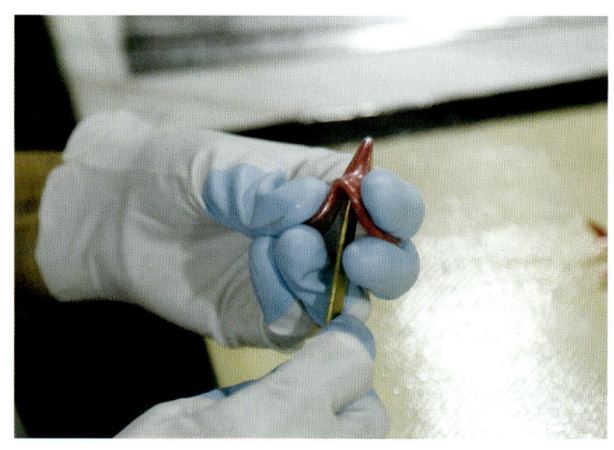

十三、划

使用工具在糖体表面轻轻划制（不切断），形成纹路，常用于动物毛发的制作。

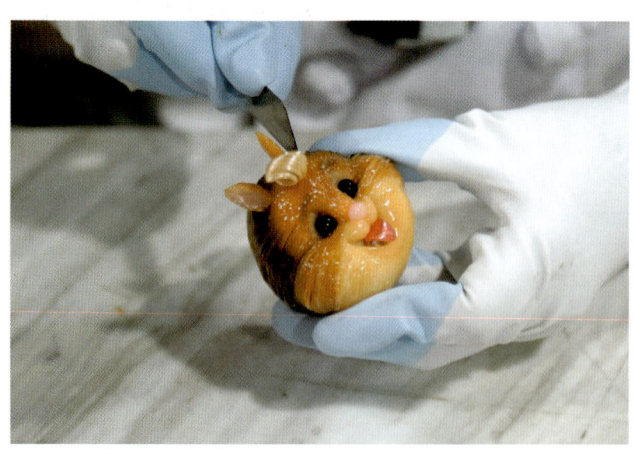

十四、搓

使用搓的手法将糖体搓成所需样式,比如小球或长条状配件的制作。

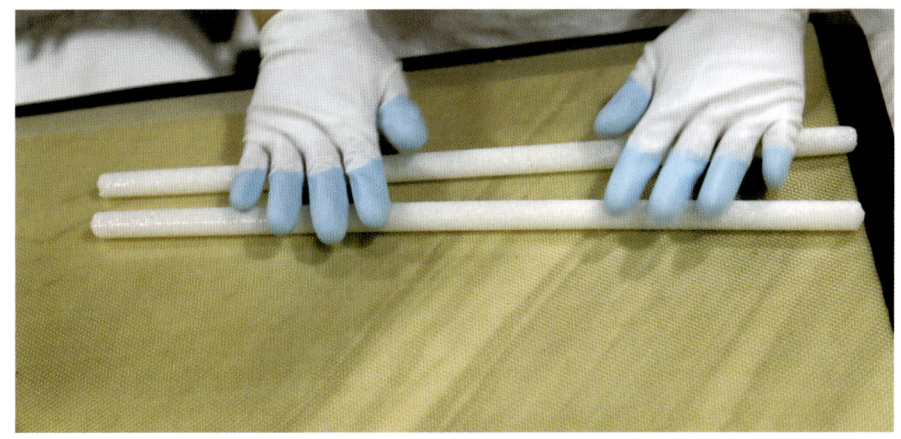

十五、包

用一种颜色的糖体将另一种颜色的糖体包裹住,再进行后续的塑形操作,达到特殊的效果。

十六、粘

将配件表面粘上一层液体糖,赋予其特定的颜色或光泽感。

十七、折叠

通过将糖体折叠的方式,不仅使糖体更亮,还可以使其具有一定的纹路。

十八、上色

糖体上色是糖艺制作中重要的一环。常用的上色方法有两种，分别是直接调色和喷枪上色。

（一）直接调色

在糖体中添加色素，搅拌均匀。上色的时机一般选择在熬糖时和熬糖后这两个时间段进行。

1. 熬糖时调色。在糖熬煮后期直接加入色素，搅拌均匀后，再次加热至所需温度，形成带色糖液。

2. 熬糖后调色。将熬煮好的糖液倒入硅胶垫上，待其稍微降温至柔软的状态，加入色素进行调制，揉搓均匀，形成带色糖体。

如果需要很多种颜色的糖体，可将熬好的糖液根据所需用量倒入可用微波炉加热的容器（比如玻璃量杯或一次性纸杯）中，之后再进行调色，搅拌均匀后，放入微波炉中加热至所需状态即可。使用该种方法调色，效率极高，常用于颜色需求较多的糖艺制品的制作中。

（二）喷枪上色

喷枪上色的操作难度较高，稍有不慎，不仅会影响糖艺制品的整洁度，还可能使其出现返砂的现象。由于上色使用的色素是液体的，内部含有水分，但糖艺制品不可直接和大量水接触，所以在使用喷枪上色时，应当具体问题具体对待。

1. 将色素喷涂在透亮的制品上时（由未经过折叠充气的糖体制作），要控制好喷涂的量，尽量少喷。

2. 若是将色素喷涂在由折叠充气的糖体制成的制品上，喷涂的量也要适当。

若需要进行大量的色素喷涂，制品需要满足以下两个条件：一是制品的温度需保持在40℃~50℃，因为制品的温度可以使喷涂在表面的色素水分在短时间内得到一定量的蒸发，降低返砂的概率；二是制品本身的颜色最好为深色系，喷涂的量尽可能的多一些，后期的糖体表面会形成一层色素膜，具有独特的风格。

第四节　基础配件

一、底座

糖艺造型的底座表现形式和巧克力造型大致相同，根据所需进行底座样式的选取和制作。

示例：
1. 将较浓稠的透明糖体倒在软玻璃上，形成大小不一的圆形。
2. 待其凝结，将其取下，从下至上粘贴在一起，制成底座。

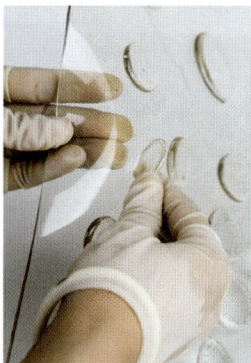

二、支架

糖艺造型的支架表现形式和巧克力造型大致相同。

糖艺造型中支架的制作方法有模具塑形和手工塑形两种。模具塑形就是将液体糖直接倾倒入模具中，完全冷却后脱模；手工塑形就是用手将柔软的糖体通过拉、扭和搓等手法进行塑造。可根据所需进行选取制作。

（一）模具塑形

使用该种方式制作的支架可以制作实心或空心的，依据所需进行选取。制作实心的支架时，直接将液体糖倒入模具中，冷却后脱模，操作较为简单。

示例：空心支架

1. 将处理好的糖液注入模具中，稍微静置。

2. 待其外部形成所需厚度的糖壳时，将其倒扣，倒出内部多余的糖液。

3. 可根据所需注入其他颜色的糖液，稍微静置。

4. 待其再次形成所需厚度的糖壳，将其倒扣，倒出内部多余糖液，静置至完全冷却，再脱模，制成空心的配件，放置在干燥、整洁的位置。

（二）手工塑形

该种制作方式直接节省了制作或处理模具的时间，同时形状不受模具的约束，灵活性较强。但是该种方法的操作难度较高，极其考验制作者对糖体的柔软度、操作的速度和塑形的准确度的把控。

示例1：单色

1. 取适量柔软的透明糖体，将其稍微拉至所需长度。

2. 按照所需将糖体任意地旋转弯曲，处理成想要的形态。待支架冷却变硬后，将其放置在干燥、整洁的地方备用。

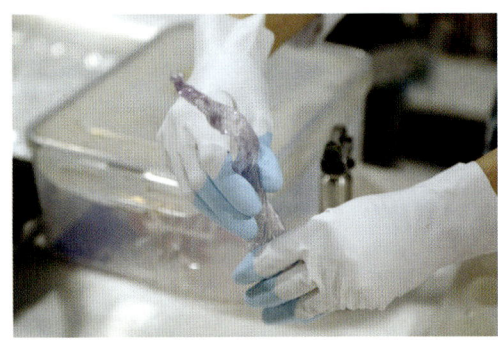
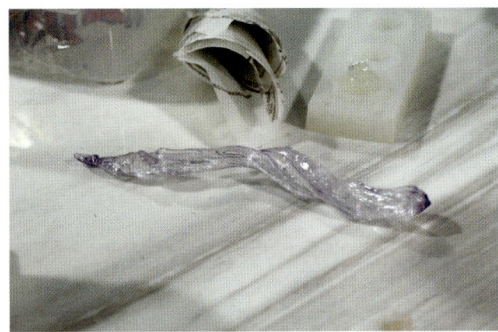

示例2：夹色

1. 将柔软的红色糖体放置在透明糖中间，使透明糖将红色糖包裹住。

2. 将其拉至所需长度，弯曲成所需状态，冷却变硬。

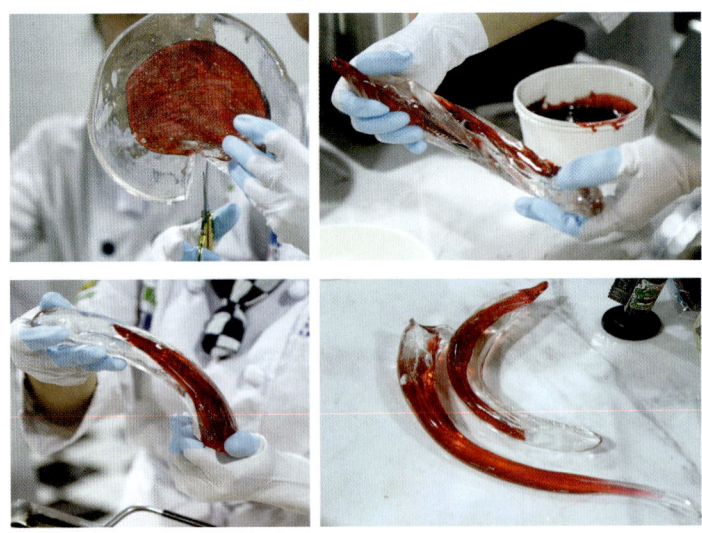

三、人物

示例：小矮人

准备：将糖体调成白色、橙色、红色、黄色和肉色。

1. 头部制作：用肤色糖体捏出梨形的头，用捏塑棒在面部二分之一上部横压，分出额头和脸部。

2. 用球刀压出椭圆形的眼窝。

3. 用主刀压出两腮。

4. 用开眼刀开出嘴巴，并用主刀塑出嘴唇。

5. 将肉色糖体搓成水滴形，作为鼻子，将其粘接在脸上。

6. 将肉色糖体搓成椭圆形，贴脸上，成两腮。

7. 将白色糖体制成椭圆形眼球，粘接在眼窝处。

8. 使用剪刀将肉色糖体剪出眼皮，粘接在眼球上。

9. 用工具挑出眉骨。

10. 用毛笔蘸取色素，画出眼睛、眉毛和睫毛。

11. 身体制作：用肤色糖体捏出梨形的肚子，再用橙色糖捏出下肢，组装在肚子上。

12. 组装上头部，用工具压出裤子纹路，鼻头刷上红色素。

13. 将红色糖体拉出条状，将黄色糖体制成椭圆形，粘接在红色糖体上，制成腰带，组装在身体上。

14. 将橙色搓成水滴形，压扁，粘接在嘴巴里，制成舌头；使用橙色糖体做成上衣和袖子，粘接在身体上。

15. 使用肉色糖体，搓成圆柱形，捏扁，用剪刀剪出手指，再修理圆润，组装在袖子上。

16. 使用红色糖体，捏拉出帽子，组装在头部。

17. 使用白色糖体，叠拉出白色胡须，组装在下巴处。

18. 将红色搓成椭圆形，再用工具塑出鞋子的形状，将其进行组装。

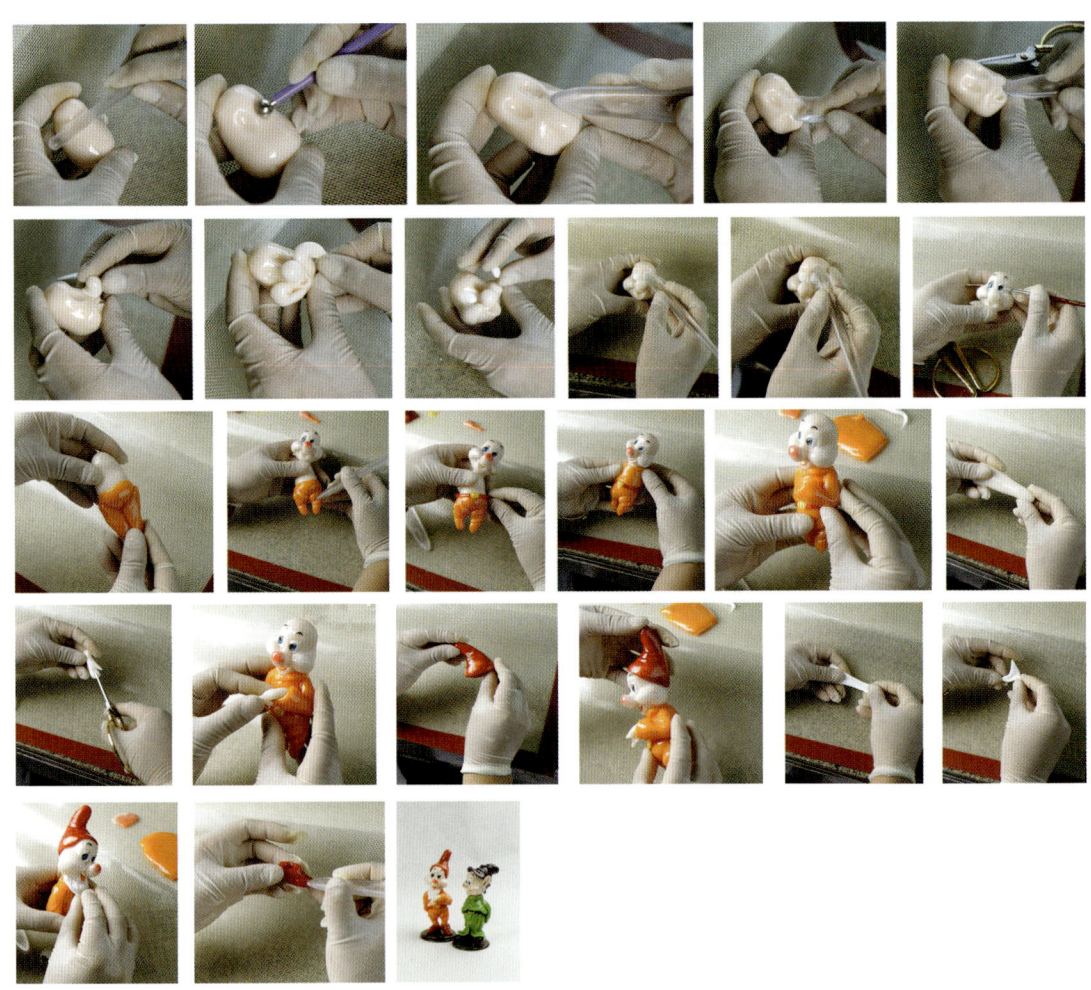

四、动物

示例：海豚

1. 取蓝色糖体和白色糖体，将白色糖体紧贴于蓝色糖体的表面，制成球体。

2. 将球体处理成碗状，将铜管加热，放入糖体内，捏紧，将其吹制成空心的圆球。

3. 将圆球拉制成长锥形，拉制出海豚的身体，白色糖体在蓝色糖体下面，白色为海豚腹部。

4. 在海豚头部下面三分之一位置压制出嘴巴，用手捏住嘴巴两边向外拉制，嘴巴稍微向上翘。

5. 将铜管取下，加热海豚尾端，在海豚背面向上倾斜45°角剪出海豚的尾巴。

6. 将蓝色糖体拉制出厚薄均匀的薄片，用剪刀剪出海豚的背鳍、侧鳍和尾鳍。

7. 将做好的背鳍、侧鳍和尾鳍粘贴在海豚的身体上。

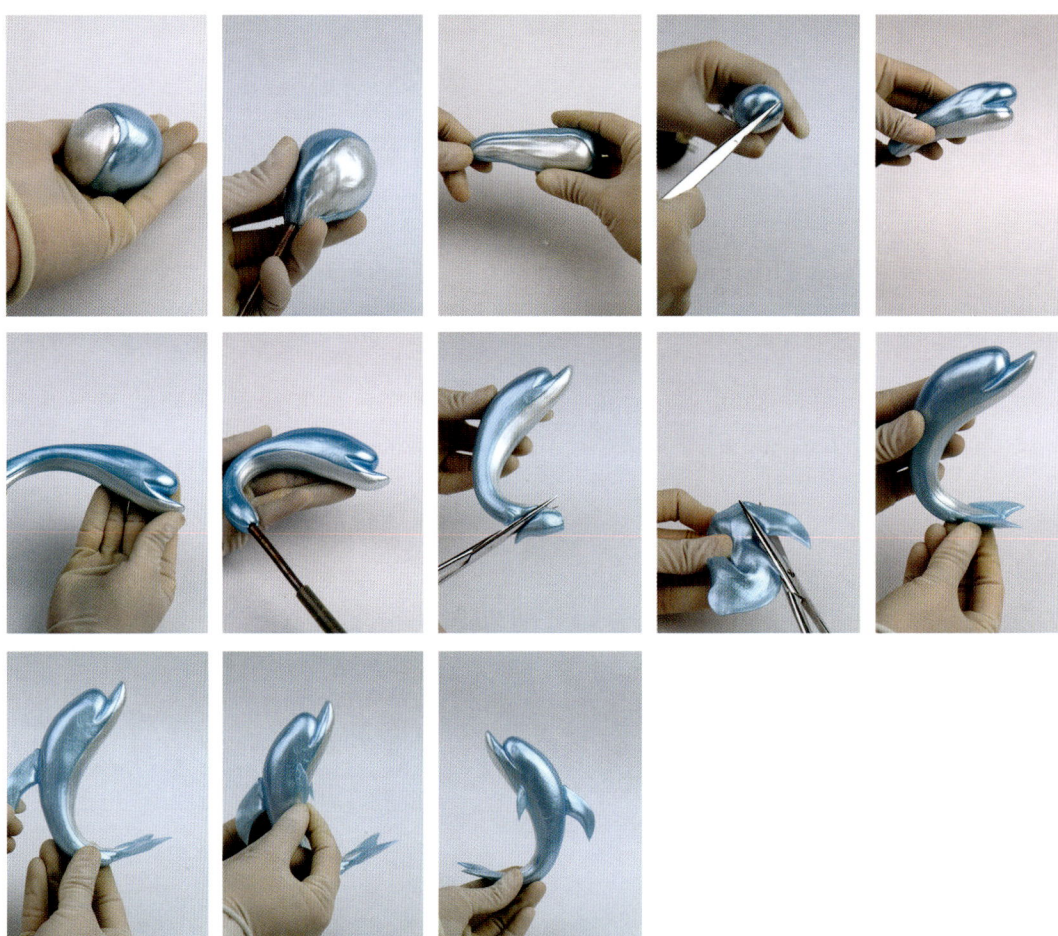

第四章 糖艺造型

五、物件

示例：蜜罐

准备：将糖体调成咖啡色（内部放上珍珠粉混合）和浅黄色（白色+黄色素调制）。

1. 取适量咖啡色糖体，制成球体。

2. 将球体处理成碗状，将铜管加热，放入糖体内，捏紧，将其吹制成空心的椭圆形。

3. 将球体顶端压平，冷却定型后取下，接口处稍微向下压出凹槽。

4. 取适量软硬均匀的咖啡色糖体，放置在高温不粘垫上，用双手搓制成圆柱形长条；趁软弯制成圆环，粘接在凹槽边缘。

5. 将浅黄色糖体浇淋在罐口处。

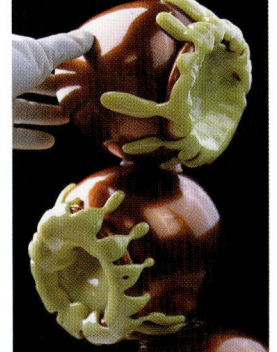

六、花卉

示例：玫瑰花

1. 将处理好的红色糖体折出一个光亮面，压扁，再用双手的拇指和食指捏住压扁的边缘，向两侧拉制，呈扇形，最后拉出带有弧度的水滴状花瓣。

2. 将花瓣卷成圆锥形，制成花芯。

3. 第一层花瓣：用"步骤1"的手法制作出2片花瓣，依次包裹住花芯。（该层花瓣高度要略高于花芯，并且花瓣与花瓣之间具有一定的空隙）

4. 第二层花瓣：制作手法不变，花瓣要略大于第一层花瓣。拉制出花瓣之后，先用大拇指的指肚压出花瓣的弧度，再将做好的花瓣进行粘接，粘接时要与第一层花瓣留有一定的空隙，高度与第一层平行，花瓣数量为3片。

5. 第三层花瓣：制作手法不变，花瓣要略大于第二层花瓣。拉制出花瓣之后，压出花瓣的弧度，先将花瓣顶部边缘捏尖，再用大拇指将剩余部分向外自然翻转，最后将花瓣整体拉宽拉大。粘接花瓣时，其位置要略低于上层花瓣，此层花瓣的数量为3~4片。

6. 第四层花瓣：用"步骤5"的制作手法制作最后一层花瓣，花瓣的大小比上层要大，最后粘接时，花瓣位置略低于上一层，整体花形粘圆，花瓣无排队现象，此层花瓣的数量约为5片。

7. 将黄绿色糖体拉制成长条状，制成花梗。

8. 用制作花瓣的方法拉制出玫瑰花的叶子，先用剪刀剪下，再压平，最后立刻放在纹路压模中，压出纹路。

9. 将制作好的花梗与玫瑰花拼接，再粘接上叶子。

七、叶子

叶子有模具成型和拉制成型这两种制作方法。

（一）模具成型

示例：

1. 在纸上画出所需叶子样式，剪出，将其放到0.3厘米的软玻璃上，用笔沿着形状画出，再用美工刀刻制成镂空叶子模具。

2. 将冷却到140℃左右的绿色透明糖液倒入模具中，糖液不宜过满，所有部位都粘有厚度均匀的糖液即可。

3. 用火枪将表面气泡消除。

4. 待糖液未完全凝固时，用锯齿花嘴按压出纹路，调整叶子弧度，待其完全冷却凝固后脱模备用。

（二）拉制成型

示例：

1. 取出适量绿色糖体，翻折出光亮面，压扁，用双手的拇指和食指捏住压扁的边缘，向两侧拉制成扇形。

2. 拉出叶子的形状，调整好弧度。

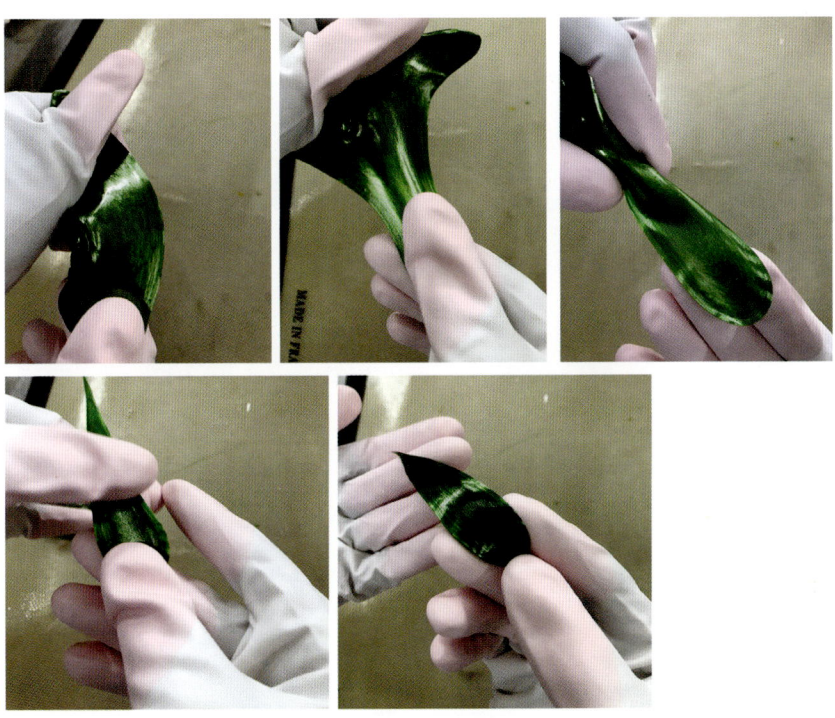

八、球

球体在制作时，分为实心的和空心的。实心球在制作时，直接通过注模或手塑制成，较为简单；空心球则是通过吹制的方式进行制作。

（一）实心球

示例：

1. 用胶带将硅胶球模具固定，粘紧，先将淡蓝色透明糖液倒入球模中，至模具八分满。

2. 再缓缓倒入白色糖液，至模具九分满。

3. 最后倒入少许深蓝色糖液，至满，静置冷却后脱模。

   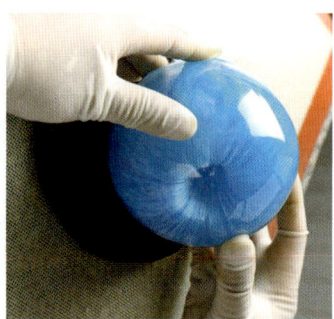

（二）空心球

示例1：单层

将透明糖体捏成碗状，包裹在气囊前端，缓慢充气，将糖体吹成大小在5厘米左右的球体，取下。

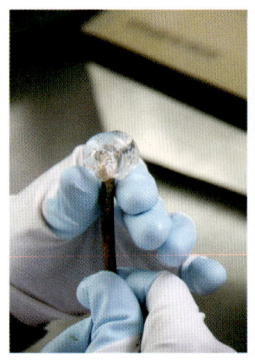 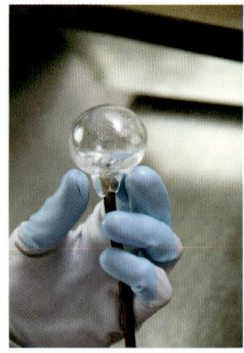 

示例2：双层

用火枪将刀片加热，将单层空心球沿根部切开一个孔，将蓝色不透明糖体（颜色按要求改变）捏成碗状，包裹在气囊前端，再插入透明气泡球中，缓慢吹制。注意内球要在外球正中央位置，并且与外球留有距离，待其定型后取下。

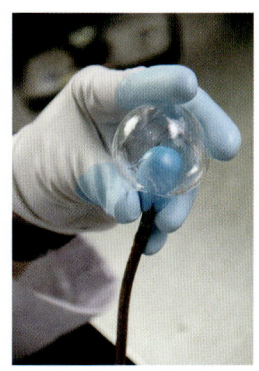

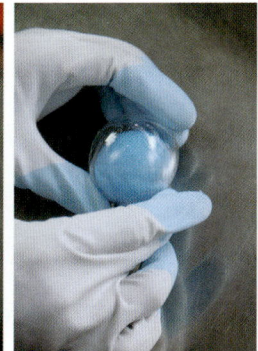

九、彩带

彩带是由多根糖条组合拉制而成，糖条的颜色可单一（单色彩带），也可多种颜色拼接在一起（夹色彩带），二者制作流程相同，此处主要介绍夹色。

示例：

1. 将熬好的液体糖分别调制成绿色、蓝灰色（蓝色和少量黑色混合）、蓝色、浅蓝色和黑色，待其降温至柔软的质地，依次拉制与折叠，充入空气，呈现出光泽感，再将其隔开放置在糖灯下保温。

2. 将处理后的糖体依次放在糖灯下的耐高温不粘垫上操作。

用双手将5种颜色的糖体分别搓成柱状，先拉制成长条状，再用剪刀剪出所需长度（确保每种颜色的糖体长度一致），最后将5种糖体紧密地拼接在一起。

3. 先用双手将"步骤2"的制品略微拉长,放在不粘垫上,用剪刀从中间剪开,分成两部分,将这两部分糖体进行拼接,增加糖体的宽度和表面色条呈现的数量。

4. 重复"步骤3"的操作,直至糖体表面色条的数量达到个人所需,最后将糖体慢慢拉长。

5. 将拉长的糖体放在干净的桌面上,先用剪刀去除两端多余的部分,再将美工刀加热,放在彩带上,直切成长方形。

6. 将一部分"步骤5"的制品放在糖灯下稍微加热,待其变软,先将糖体两端慢慢对折在一起,再用手将对折的头部由两边向中间捏制成角状,用作彩带花的花瓣,放置在干燥、整洁的地方,备用。

7. 将彩带花瓣根部蘸少许透明糖。

8. 将5个彩带花瓣拼接在一起,呈圆形,作为彩带花的第一层。

9. 将粘取透明糖的花瓣放在第一层两个花瓣之间,稍微翘起,进行第二层花瓣粘接,该层共计5个花瓣,整体粘接要呈圆形并且花瓣无排队现象。

10. 将一个彩带花瓣垂直粘接在中心处。

十、糖条

示例：

1. 将糖体翻至光滑的一面，在表面由捏住一点的糖体向外拉制。

2. 待糖体向外拉至一定长度时，双手的拇指和食指捏住糖丝，将其拉断。

3. 待其未完全冷却，快速塑出所需形状。

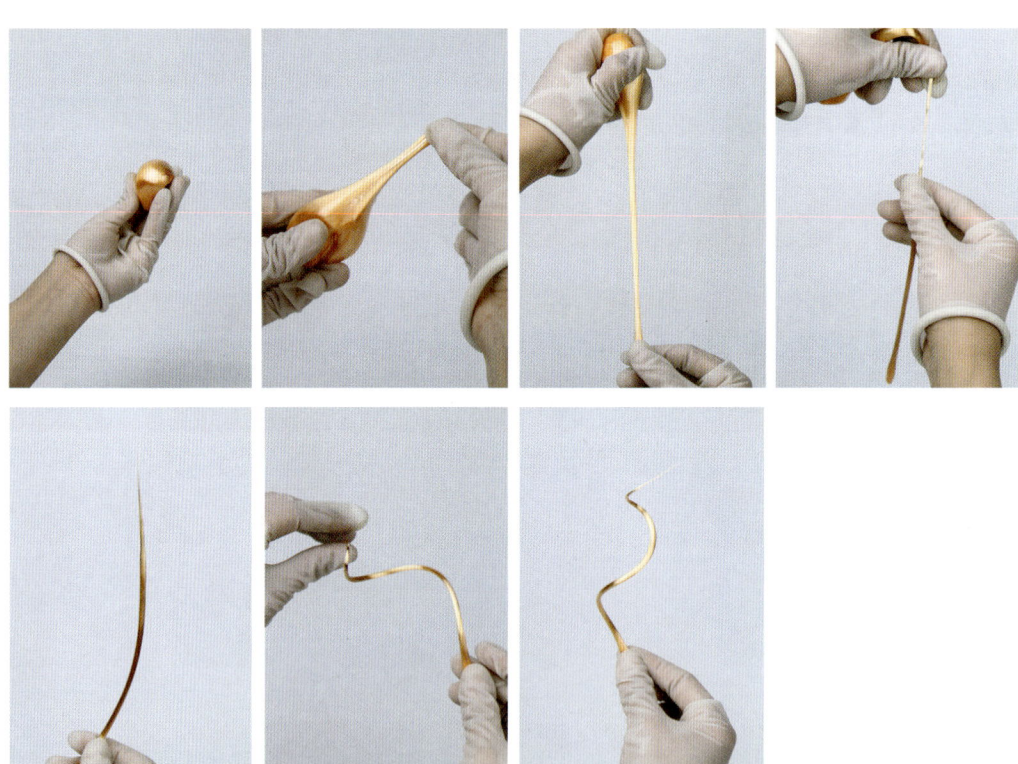

十一、气泡糖

气泡糖在糖艺造型中,主要起到装饰的作用。

示例:

1. 在烤盘上铺一张不粘垫,上面铺一层薄薄的艾素糖。

2. 在艾素糖颗粒上面再平铺一张不粘垫。

3. 将其放入140℃烤箱烤制10~15分钟,取出后冷却。

第五节　造型组合

一、艺术造型（糖艺造型一）

材料：

蓝绿色糖液适量，红色糖液适量，透明糖液适量，灰色透明糖(黑色和白色)适量，黄色糖液适量，绿色糖液适量，浅蓝色糖液适量，黑色糖液适量，金色糖液适量，红棕色糖液适量

配件：

支架1个，圆台形底座1个，圆盘底座1个，花卉1朵，蝴蝶1只，叶子若干，糖条若干

制作过程：

1. 支架：在软玻璃上画出支架的形状，用刀片沿着形状切出，用胶带固定，在底部用刀片刻出一个凹槽，制成支架模具。

2. 将透明糖液倒入支架的一侧（大约1厘米厚），待该面凝固后，再在另一侧倒入糖液。

3. 待支架两边的糖体冷却到30℃以下，将适量蓝色糖液倒入支架中，摇晃支架，使其均匀分布其中，制成空心支架。

4. 底座：将透明糖液倒入两款底座硅胶模具中，待凉透后取出。

5. 糖条和触须：将蓝绿色糖体拉制出糖条，弯曲成所需形状；将黑色糖体拉长，前端细尾端粗，将前端用手弯曲，作为蝴蝶的触须。

6. 蝴蝶：将蝴蝶的形状在纸上画出，在纸上放一块软玻璃。

7. 取灰色糖体，搓成前端细尾端粗的状态，将前端的糖体放在软玻璃上，用手将尾端的糖体向前拉，围绕着蝴蝶的形状将糖体放在软玻璃上。

8. 将蓝绿色、红色、黄色、绿色和浅蓝色糖液倒入围好的蝴蝶形状中，倒入糖液的位置可根据个人喜好进行填充，用火枪将糖液中的气孔去除。

9. 花：在熬好的糖液中加入褐色素和柠檬黄色素（比例为1∶5），形成金色的糖液，取一部分金色糖液，加入红色素，制成红棕色糖液。将两种颜色的糖体分别搓成长条，将其对折，略微拉长后折叠，再进行拉长和折叠，重复上述动作，至达到所需的宽度和纹路。最后用双手拉长，将其平放在高温不粘垫上，趁软，用剪刀剪出长短一致的长方形。

10. 取一片剪制好的糖体，放在糖灯下稍微加热至软，用手将前端稍微拉长，边扯断前端多余糖体边拔出尖状，前端用手弯曲出弧度，制成花瓣。按照同样的方法，制作剩下的花瓣。

11. 将透明糖液和蓝绿色糖液分别倒入半圆形模具中，冷却后脱模。将两种颜色的半球两两拼接成球体，再将其拼接在一起，底部粘接透明半球。

12. 将金色花瓣粘接在蓝绿色球体底部，粘接时，花瓣一片贴着一片，至粘满一圈。

13. 第二层的花瓣粘在第一层每两片花瓣的中间，粘完约三层金色花瓣后，后期改用红棕色花瓣粘接，做出渐变的花。

14. 叶子1：将蓝绿色糖体拉制出叶子形状，趁软压出纹路，再弯曲成所需形状。

15. 叶子2：用软玻璃制成叶子模具，再倒入蓝绿色糖液，待其未完全凝结，划出纹路，待其冷却凝固后脱模。

16. 组装：用火枪将圆台形底座表面的气孔烧除，在底部粘上质地较软的糖体，将其粘贴在圆盘底座上。

17. 将支架底部粘上糖体，将其粘贴在底座上。

18. 将一个透明圆球底部粘上糖体，将其粘贴在支架上。

19. 将蝴蝶翅膀粘在圆球的两边，再将触须粘贴在球体前面。

20. 将花粘接在支架上。

21. 将叶子绕着花进行粘贴，再粘接上糖条。

二、艺术造型（糖艺造型二）

材料：

透明糖液适量，粉色糖液适量，红棕色糖液适量，蓝色糖液适量，白色糖液适量

配件：

支架2个，圆柱形底座1个，球1个，空心球若干，双层空心球若干，花卉1朵，彩带若干，气泡糖若干，糖条若干，叶子若干

制作过程：

1. 支架：将粉色糖液注入模具中，稍微静置，待形成所需厚度糖壳时，倒扣，倒出内部多余的糖液，注入白色糖液，再次形成所需厚度的糖壳，倒扣，倒出内部多余糖液，静置至完全冷却，再脱模，制成空心支架。

2. 将红棕色糖液注入圆柱形模具中，冷却静置后脱模，作为底座；将粉色和透明糖液注入球模具中，冷却后脱模。

3. 空心球和双层空心球：将透明糖体捏出碗状，包裹在气囊前端，缓慢充气，将糖体吹成球体，取下；将一部分空心球沿根部切开一个孔，将棕色（或其他颜色）不透明糖体捏成碗状，包裹在气囊前端，再插入透明气泡球中，缓慢吹制。

4. 花卉：使用拉的手法，拉出花瓣，6个一组粘接在一起，共计做出6组，粘接在一起，再拉出稍微大的花瓣，将其进行粘接，约4层，直至将花卉粘接圆润饱满。

5. 彩带：将白色和蓝色糖体分别搓成柱状，拉成长条，剪出所需长度，拼接在一起，将其略微拉长，用剪刀剪成两部分，将这两部分糖体拼接，增加糖体的宽度和表面色条呈现的数量，至糖体表面色条的数量达到所需，将其拉长，用加热的刀具直切成长方形。放在糖灯下稍微加热，待其变软，将糖体两端慢慢对折。

6. 糖条：将白色糖体拉制出糖条，弯曲成所需形状，备用。

7. 气泡糖：将制作好的气泡糖使用少许棕色素进行上色。

8. 叶子：将糖液注入叶子模具中，冷却后脱模。

9. 组装：将底座和球组装在一起。

10. 粘接上支架。

11. 粘接上叶子和花卉。

12. 粘接上糖条和气泡糖。

13. 粘接上彩带和空心球。

第五章
杏仁膏捏塑

第一节 杏仁膏捏塑的原料

杏仁膏,又称杏仁糖膏、杏仁糖、杏仁糖衣,主要制作材料是糖和杏仁,将杏仁和糖浆混合熬煮,之后冷却、结晶形成具有一定柔软度的糖团,有时也可以加入蛋白或者明胶来强化糖团的黏着能力,可以用于烘焙材料、产品装饰、内馅等。

一、杏仁膏捏塑材料(杏仁粉)

材料:

杏仁粉80克,糖粉60克,葡萄糖浆40克,纯净水10克

制作过程:

1. 将杏仁粉和糖粉倒入盆中混合,使用密度较细的网筛进行过筛操作,使整体呈现非常膨松的细粉末状。

2. 将葡萄糖浆和纯净水放入碗中，使用微波炉或者隔水加热的方式使两者完全融合，之后静置放凉。

3. 将"步骤2"的制品倒入"步骤1"的制品中，使用刮刀将整体翻拌均匀，基本呈团状，然后使用手套或者将糖团放入较厚的保鲜袋中，继续将糖团揉至细腻的状态（注意不要揉搓得太久，避免出油）。

4. 将制作好的糖团密封，常温保存即可。

制作关键：

1. 如果想调制其他色彩的杏仁膏糖团，可以将所需的色素滴在糖浆中，再与其他材料进行混合搅拌，这样可以避免后期二次揉糖团导致糖团出油的现象。

2. 根据糖团的软硬状态需要灵活地调整糖水的使用分量，糖团不宜太软或者太硬。

二、杏仁膏制作材料（杏仁膏）

材料：

杏仁膏 99 克，糖粉 48 克

制作过程：

将材料混合揉搓均匀即可。

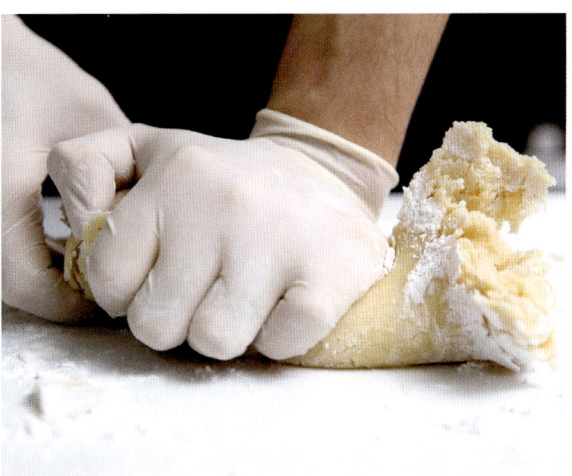

第二节　杏仁膏捏塑的常用工具

一、捏塑棒

捏塑棒主要是利用不同形状的头部来制作各种卡通动物和人物，也可以压出各种花瓣纹路。在市场中有塑料和不锈钢两种材质的捏塑棒，制作装饰蛋糕使用最多的是塑料捏塑棒，价格便宜适中，使用轻便。

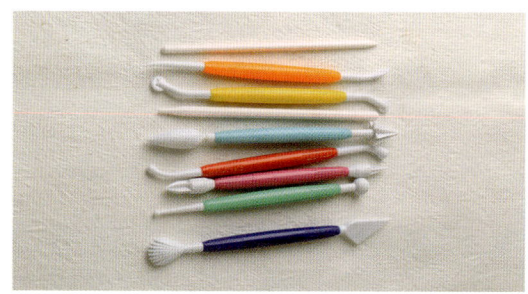

二、球形捏塑棒

球形捏塑棒两头的球形为不锈钢材质，每一个球体大小各不相同，以方便制作不同大小的作品，主要是用来制作花瓣的边缘弧度。

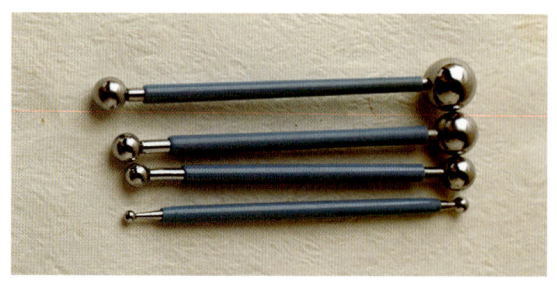

三、压模

压模的外形有非常多的选择，各种卡通图案和花朵的图案逼真漂亮。压模一般有两种材质，分别是软质的塑胶模具和硬质的塑料模具。

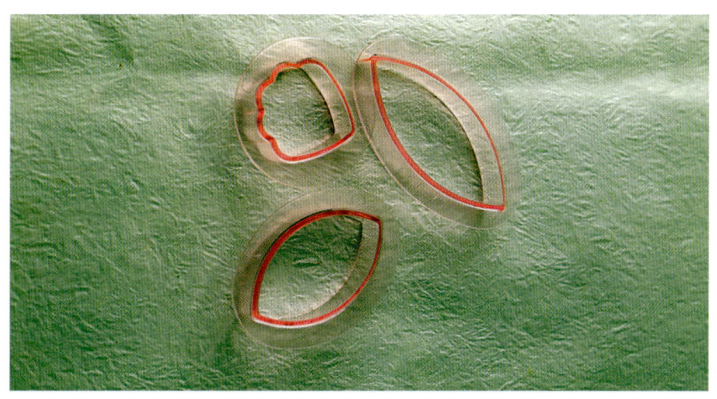

四、花瓣和叶子硅胶模

常见的有两种材质的模具，一种是软质的硅胶模，另外一种是硬质的塑料模具，硅胶模会更方便使用。花卉的花瓣纹路就是将花瓣或者叶子放在模具中间，利用两片正反面的模具压出花瓣和叶子的纹路。如果使用硬质的模具在压纹路的时候特别容易压破。

五、海绵板

制作花卉时,海绵板是不可或缺的一个工具。海绵板比海绵的质地硬,但又比桌面柔软,每一朵花瓣放在海绵板表面,利用球形捏塑棒在边缘滚压,使边缘花瓣变薄,形成自然的褶皱。海绵板特殊的质地使花瓣边缘可以压薄,但又不会因质地太硬而压破花瓣,是制作各种花卉的最佳选择。

六、小花压模

小花压模有塑料的和铁的两种,边缘框比较薄,且略带刀刃的能使花瓣的边缘整齐、光滑没有毛边,并且小花瓣的模具具有推动功能,更加地增大了方便程度。

七、调色材料

色粉的颜色有很多，可以根据自己所需要的颜色选择合适的使用。色粉的使用方法一般都是用毛笔蘸上色粉刷在花瓣的表面，形成自然的过渡色色彩。

 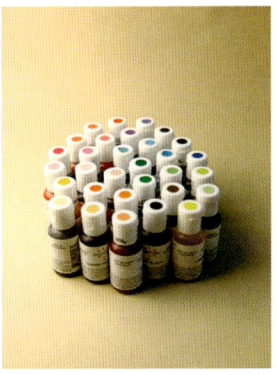 

八、保鲜膜

完成的糖团制品用保鲜膜包裹住，以隔绝开外界的空气，确保糖团持续保持柔软状态。

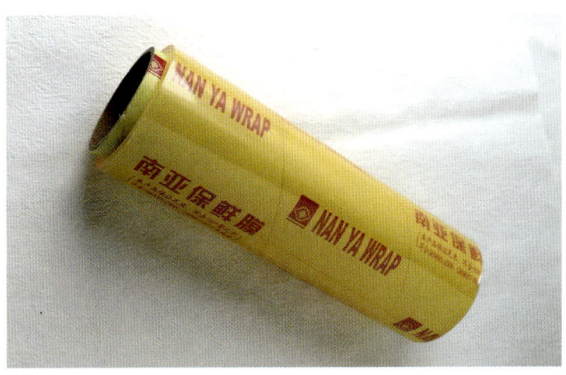

第三节　产品制作

一、气罐上的青蛙

2017年阿布扎比糖艺西点项目模块C——杏仁膏捏塑（吕浩然获奖作品）

制作过程：

1. 准备99克杏仁膏，48克糖粉，适量红、黄、绿、棕、白色色素。
2. 将糖粉和杏仁膏倒入盆中。
3. 揉搓混合至糖粉完全融进杏仁膏中。
4. 将杏仁膏分成小块，分别将几种色素挤在杏仁膏上。
5. 揉搓杏仁膏。

6. 揉匀调完色的杏仁膏。

7. 分别调出灰、黑、红、棕、绿色的杏仁膏。

8. 青蛙与气罐制作：取部分绿色杏仁膏，揉成圆形，并用捏塑棒在圆球中部压一道，再用手指按压光滑。

9. 用球刀在脸部的中部偏上压出眼眶。

10. 用捏塑棒进行修整，使眼眶看起来更立体。

11. 用捏塑棒的尖头切出嘴巴。

12. 用捏塑棒的圆头挑出嘴角。

13. 用迷你球刀挑出鼻孔和嘴角的酒窝。

14. 取出一点红色杏仁膏，中间压一刀，做出舌头。

15. 将舌头装进嘴巴中。

16. 取一点纯色杏仁膏，搓成椭圆形，塞入眼眶中，并用球刀压出眼白。

17. 取一点黑色杏仁膏，做出眼睛。

18. 取一点绿色杏仁膏，搓成水滴形，作为身体部位备用。

19. 取一块棕色杏仁膏，搓成圆柱体（气罐的制作）。

20. 用裱花嘴压出气罐的纹路。

21. 将身体装在气罐上。

22. 制作青蛙的四肢，用捏塑刀切出爪子。

23. 将前肢装在身体上。

24. 做气罐的喷嘴：取一点白色杏仁膏，搓成水滴形，压平大的一头，并将小的一头塞进气罐中。

25. 装上青蛙的头。

26. 装上青蛙的后肢。

27. 纯色杏仁膏加一点红色杏仁膏，调成粉色，搓成椭圆形，做成腮红。

28. 搓出两条红色线条，切出纹路。

29. 把两根线条旋转起来，自然一点。

30. 将线条装在气罐的喷嘴上。

31. 在青蛙的头上做出油漆桶和飞溅出来的油漆。

32. 用白色素在青蛙眼睛上点上高光。

33. 一只青蛙便完成了，再做一只同样的即可。

二、狐狸与葡萄

制作过程:

1. 取黄色的糖团揉成水滴状;取少许白色的糖团做成水滴状,并稍稍压扁,贴在黄色的杏仁膏上作为狐狸的肚皮。

2. 搓一个黄色圆球和一个黄色锥形体，分别作为狐狸的头和鼻子，在鼻子尖端点缀一个褐色的小球。

3. 将一块白色的糖团皮揉成椭圆球形，再压扁贴在狐狸鼻子的下方，作为嘴巴，并用器具压出嘴巴的纹路。

4. 使用黄色的糖团做耳朵，先搓成水滴状，再用器具从中心压开，两边稍厚，并将白色的小水滴贴在黄色耳朵中间，压平。

5. 搓一个黄色的长条，一端细一端粗，作为狐狸的尾巴。

6. 用一小块白色的糖团皮压成扁平的水滴状，在一端用模具压出几个条形，将其贴在狐狸的尾巴上。

7. 揉搓出两个黄色的小锥形，将粗的一段揉捏出脚的形状，用器具压出脚趾的纹路。

8. 揉搓出几条细长的黄色长条，将一端粘在一起，贴在狐狸的头顶。

9. 揉些紫色的圆球，相互粘在一起，作为葡萄。

10. 给葡萄装饰上梗和叶子。

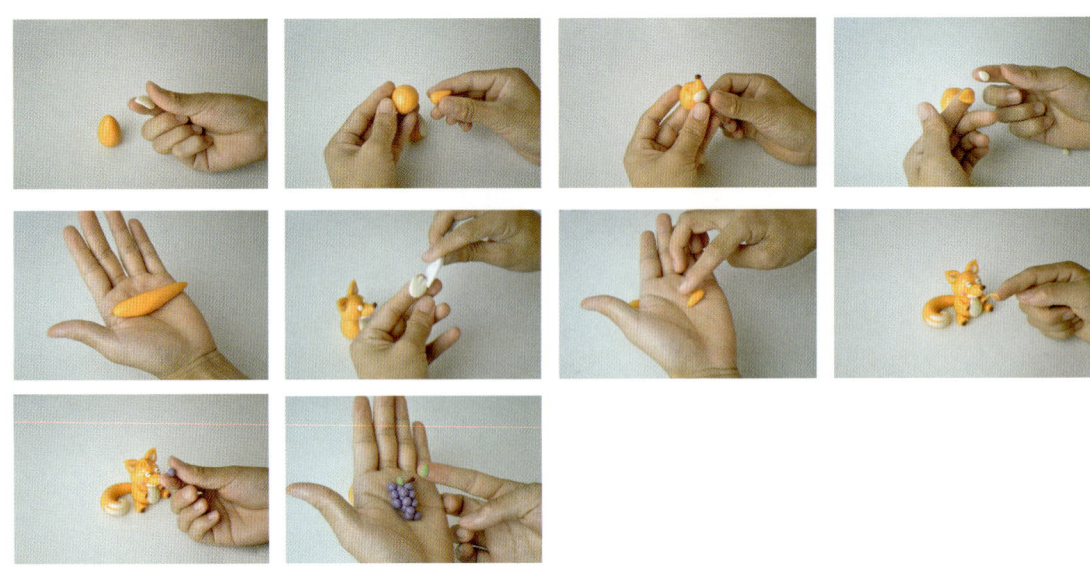

第五章 杏仁膏捏塑

小贴士

1. 本次制作使用的糖团可以是翻糖、巧克力、杏仁膏等材料，基本制作方法相同。

2. 无论何种材料，制作时注意不要揉搓时间过长，以免材料产生龟裂。

3. 在制作过程中，糖团不宜长时间暴露在空气中，避免糖团变得太干燥而不宜塑形。

4. 形态适宜，神态自然，表面干净，细节处理利落。

三、微笑机器猫

制作过程：

1. 将蓝色糖团圆球揉捏成葫芦状，小的一端是机器猫的脸。

2. 用白色的糖团皮压出一个小圆面，贴在小球上。

3. 用豆形棒压出机器猫的眼睛轮廓，内部填充白色的眼球，下部放上红色的鼻头。

4. 做一个小的圆形糖皮，贴在大圆球上，作为机器猫的口袋。

5. 用蓝色糖团皮揉捏出四肢，再用白色的糖团皮揉出机器猫的手和脚掌，将其粘在机器猫身体的上方。

6. 搓一根细长的红色糖团带，围在机器猫的脖子处，用作挂铃铛的红绳。

7. 搓一个黄色的小圆球，用塑料刀在中间压出一个缺口，就是机器猫的铃铛了。

8. 用黑色糖团皮做出月牙状的眼睛，轻贴在机器猫的白色眼球上。

9. 用红色糖团皮揉搓出一个锥形，在底端用糖团器具压出一个凹槽，使帽子更逼真。

10. 将帽子尖端弯曲，并用白色的糖团皮搓成细条，作为帽子的边缘，在帽子尖端点缀一个白色圆球。

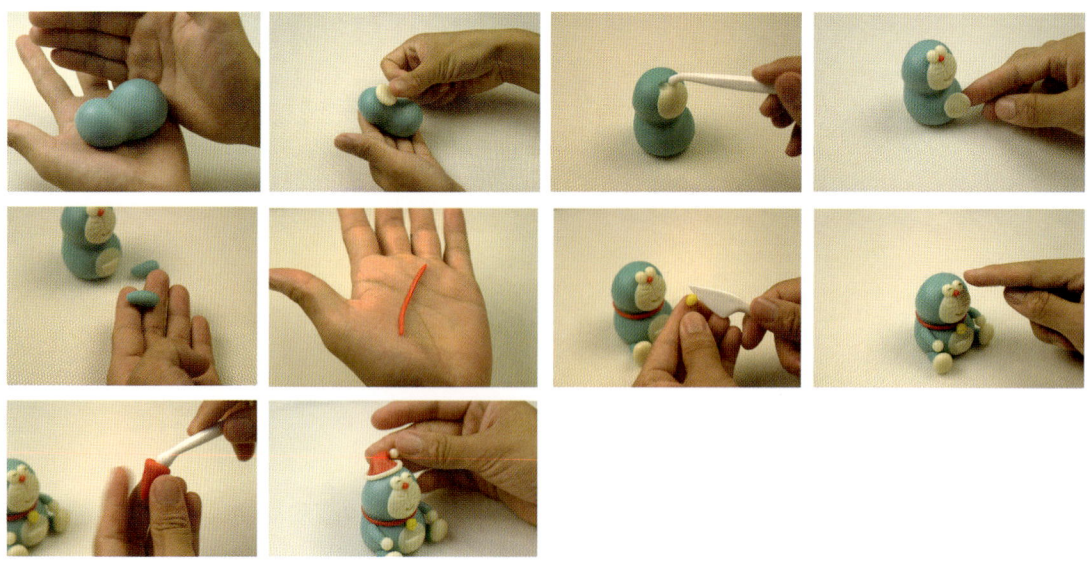

小贴士

1. 本次制作使用的糖团可以是翻糖、巧克力、杏仁膏等材料，基本制作方法相同。

2. 注意整体部位的比例长短，形态与神态要自然适宜。

3. 神态自然，表面干净，细节处理利落。

四、熊猫

制作过程：

1. 将圆球揉成葫芦状，一端小一些作为熊猫的头，一端大一些作为熊猫的身体。

2. 用模具压出熊猫眼睛的凹槽。

3. 搓两个紫色的椭圆糖皮，贴在凹槽处，作为熊猫的眼圈，内部填充白色的眼球。

4. 揉两个圆球，用器具压出耳朵的形状。

5. 将柱状体揉搓成中间细两边粗的条形。

6. 做出熊猫的五官，再搓出水滴形的胳膊，并且做出手掌，粘接在熊猫的身体上。

7. 搓一条绿色的长条，用模具压出一些竹子的棱角并稍加修饰。

五、狮子

第五章 杏仁膏捏塑

制作过程：

1. 将圆球揉成葫芦状，一端圆一些作为狮子的头，一端长一些作为狮子的身体。

2. 将褐色的细条围在狮子的头上，做出鼻子和嘴巴，粘妆在狮子的头部。

3. 用工具在褐色的圈上压出花纹。

4. 用器具压出狮子眼睛的凹槽，搓一白色圆球贴在凹槽处，作为狮子的眼睛。

5. 搓一个黄色的小圆球，将中间压凹进去，作为狮子的耳朵。

6. 用白色糖皮压成扁平的水滴状，贴在狮子的肚子上，作为肚皮。

7. 将圆球揉成细条状，两边粗中间细。

8. 揉捏出狮子脚掌的形状。

9. 将小水滴的粗端捏出手掌的形状。

10. 在细长条上粘上一块灰色的糖皮，作为狮子的尾巴。

第六章
裱花蛋糕（黄油奶油）

第一节　工具与材料

一、工具

裱花剪刀一：组装整合蛋糕时使用，因剪刀尖端比较细，组装时不容易有太多接口或碰触别的花，避免蛋糕中出现毛糙点。

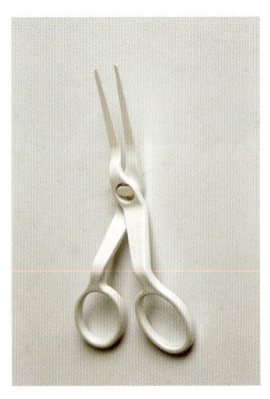

第六章
裱花蛋糕（黄油奶油）

裱花剪刀二：奶油花专用，因刚做好的奶油霜花朵比较软，或大的花朵底座比较大，该剪刀前端有凸出一个圆形，刚好能托住花朵，使花朵更容易从花钉上取下来。

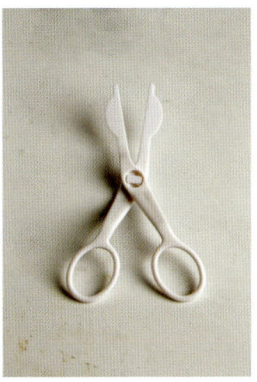

花钉一：是组装型花钉，圆形底托可与花钉棒分开，方便携带，塑料材质。

花钉二：是一体式花钉，圆形底托不可装卸，不锈钢材质。

抹刀：用于奶油霜抹面。

转换头：需放在裱花袋中，方便替换花嘴。

弯花嘴：123号、121号用于做大的芍药花，类似的花瓣都可以用这个花嘴；61号用来做小苍兰或小芍药花，做出的花瓣有弧形，呈饱满状。

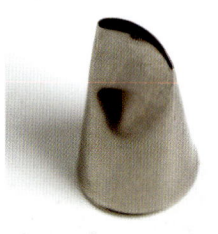
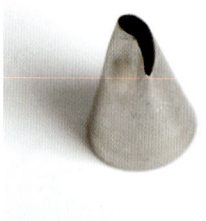

直花嘴：125号，此花嘴做出的花瓣大且薄，经常用于做英式玫瑰、康乃馨等。

直花嘴组合：101号、102号、103号、104号，用于做玫瑰、雏菊、五瓣花、毛茛、蓝盆花、绣球花、英式玫瑰、奥斯汀玫瑰等相似的花瓣。

圆锯齿花嘴：用于做蛋糕的花边、贝壳、花朵的花蕊等。

扁锯齿花嘴：用于做蛋糕的花边、花篮的纹理等。

多孔花嘴：用于做奶油霜蛋糕上的小草、藤条、花朵的花心等。

V形花嘴：用于做尖状的花瓣，比如向日葵、大丽花、树叶等。

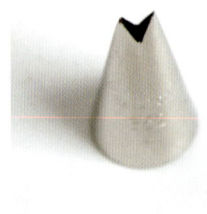

圆嘴组合：1号、2号、3号、4号，用于做花边、花心、果子等各种圆球形状。

叶子花嘴：352号，用于做百合花或各种叶子等。

U形花嘴：81号，用于做菊花类的花瓣或花朵的花蕊。

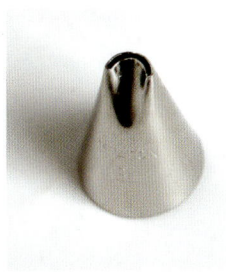

剪刀：用于剪裱花袋。

平角抹刀：适用于抹面，或把成品蛋糕从转盘上取下来。

红外线测温仪：用于测量浆料温度。

第六章
裱花蛋糕（黄油奶油）

电子秤：称材料必备。

电动打蛋机：用于搅打少量奶油霜或蛋液。

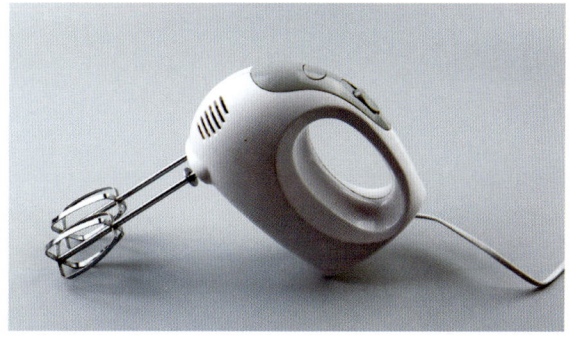

调色碗：用于给奶油霜调颜色。

桌式搅拌机： 用于搅拌制作奶油霜。

锯齿刀： 用于切割蛋糕坯，做出想要的造型。

橡皮刮刀： 用于混拌材料，也可以用来刮除粘在搅拌盆上的面糊、奶油等。

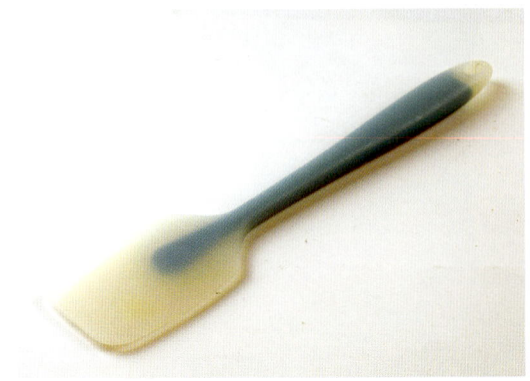

蛋糕模： 烘烤蛋糕的模具，有不同大小的尺寸。

电磁炉： 用于加热浆料、煮制泡芙面糊或者熬煮糖浆等。

刮片： 用于混拌材料，或者将盆内剩余的面糊刮出来。

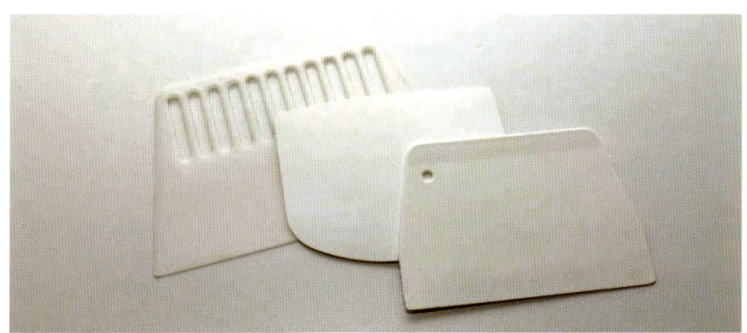

烘焙专用手套： 用于取刚出炉的烤盘，防止手被烫伤。

烤盘： 用于放蛋糕坯或做好的奶油霜花朵。

毛刷： 用于涂抹糖浆或者蛋液等。

网架：用于放置烤好的蛋糕，使其冷却，更好地散热。

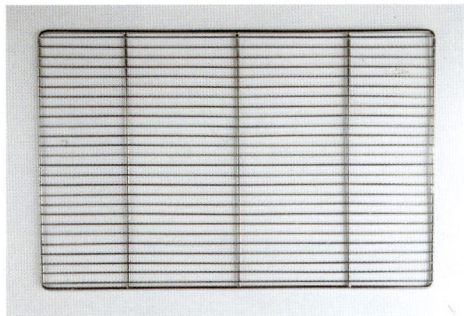

网筛：用于粉类材料或者液体材料的过筛。

糖锅：用于制作奶油馅料、酱汁、熬糖浆等。

手动搅拌球： 用于搅拌材料、打少量的蛋糕蛋液等，需用手工搅打。

叶状打蛋拍： 需安装在搅拌机上使用，用于拍打搅拌面糊。

二、黄油奶油

材料：

蛋白75克，幼砂糖150克，纯净水47克，无盐黄油392克

制作过程：

1. 将黄油软化成膏状，保持约20℃。
2. 将幼砂糖和水混合熬煮，至118℃。
3. 同时，将蛋白打发至六成发。
4. 将熬好的糖浆倒入其中，继续搅打至35℃。
5. 加入软化的黄油，继续搅拌均匀。

第二节 常用花卉

一、苍兰

制作过程：

1. 花嘴垂直在花钉上挤少量奶油，作为支撑。

2. 61号花嘴垂直，围绕支撑奶油挤一圈奶油，做出花心。

3. 花嘴口部向下，贴着花心做弧形花瓣，收尾时花嘴凹面向下。

4. 做出第二、第三片花瓣，花瓣之间无须重叠，顶端需留有一些空隙。

5. 在第一层两片花瓣中间做第二层的花瓣，形成交错重叠状，第二层共三片花瓣。

6. 用2号圆花嘴挤出花蕊。

第六章
裱花蛋糕（黄油奶油）

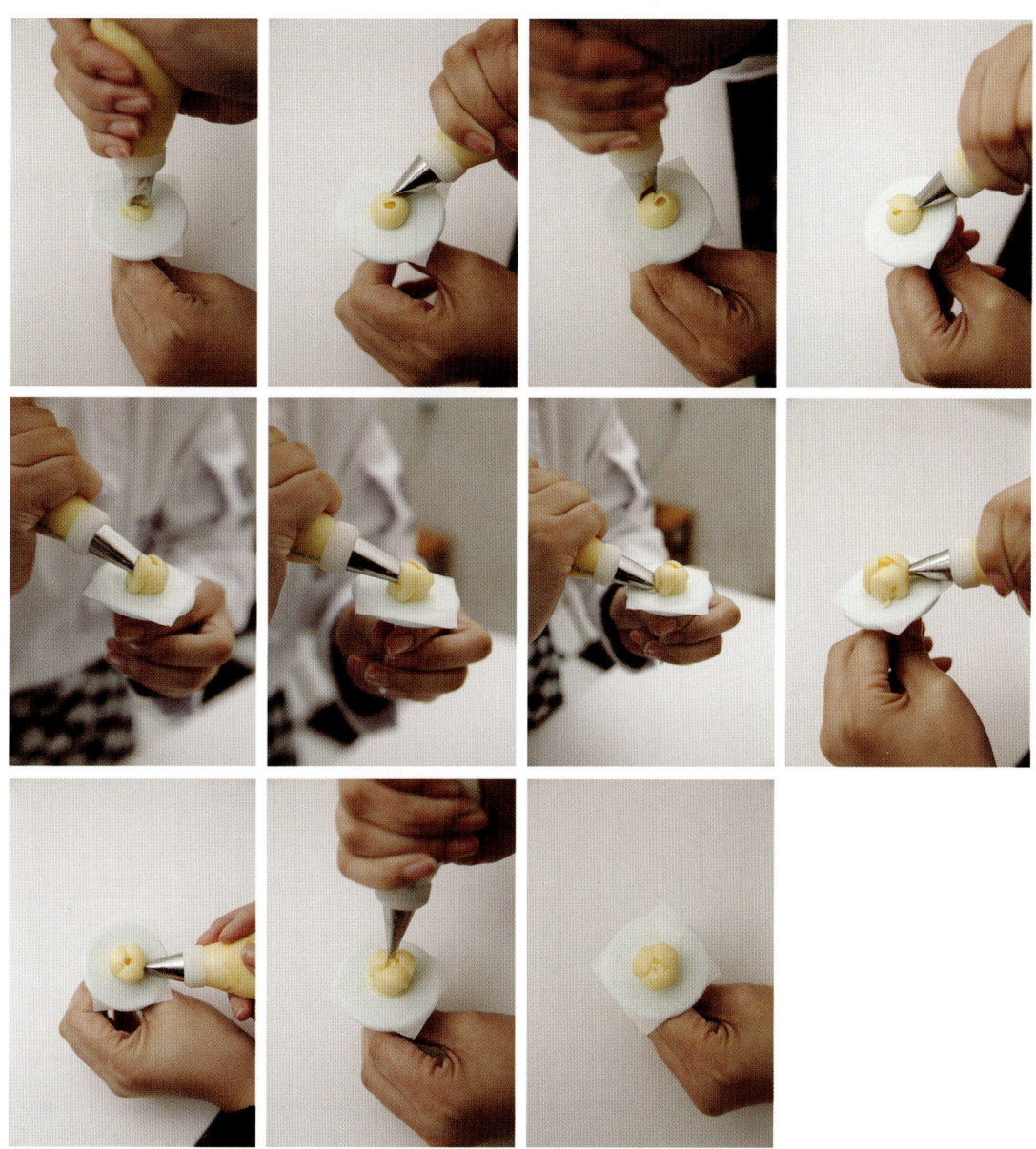

二、大丽花

制作过程：

1. 在花钉上用白色奶油挤一个锥形的底座。

2. 103号花嘴尖端向下，倾斜贴着锥形底座挤奶油，花瓣形状呈菱形，五片花瓣把花心包住。

3. 第二层每片花瓣是在第一层每两片花瓣中间，形成交叉重叠，切勿直接重叠。

4. 每层花瓣以同样顺序向上拔出，每片花瓣根部紧贴，花瓣尖端分开，不可出现粘黏状。每层花瓣尖端打开的角度不一样，越向外层花嘴越倾斜，花瓣就越开。完整的花从侧面看呈半圆形，花朵的大小根据花瓣的层次来决定。

第六章
裱花蛋糕（黄油奶油）

三、番红花

制作过程：

1. 在花钉上挤白色圆球，作为花心底座。

2. 在圆球上用细裱袋做出橙黄色花蕊，做满白色底座的三分之二位置。

3. 104号花嘴倾斜贴着花心底座，由下向上再向下做出弧形花瓣，包住花心三分之一部分。

4. 第二片花瓣从第一片花瓣一半处开始做起，用同样方法做其他两片，四片花瓣把花心包住，统一高度。

5. 在第一层花瓣交接口处做第二层花瓣，以同样重叠的方法做完第二层所有花瓣，且第二层比第一层花瓣略高一点。

6. 第三层也是在前一层花瓣交接口处开始做起，但第三层花瓣要比第二层略短一些，呈现盛开花朵的状态。完整的花朵可以做三层或四层花瓣。

第六章
裱花蛋糕（黄油奶油）

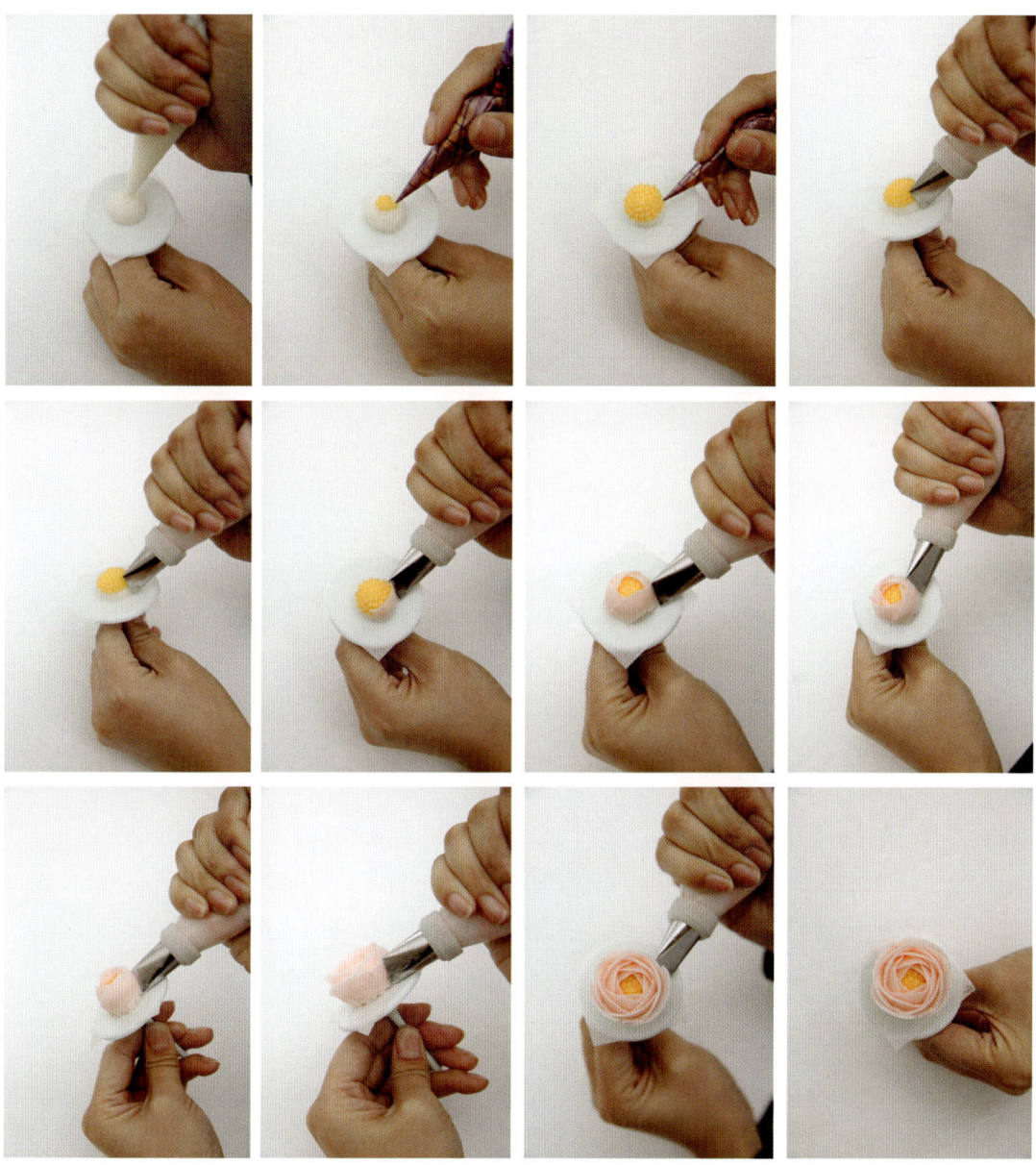

四、芙蓉花

制作过程：

1. 在花钉上挤一个圆圈，作为花的支撑。
2. 104号花嘴口部宽头朝内、窄头朝外，倾斜放于圆圈内侧。
3. 花嘴一边挤奶油一边抖动，使每片花瓣上有纹路，花瓣呈n形。
4. 一朵花一共五片花瓣，做法相同。
5. 用2号圆嘴做出芙蓉花的花蕊，呈橄榄形。

第六章
裱花蛋糕（黄油奶油）

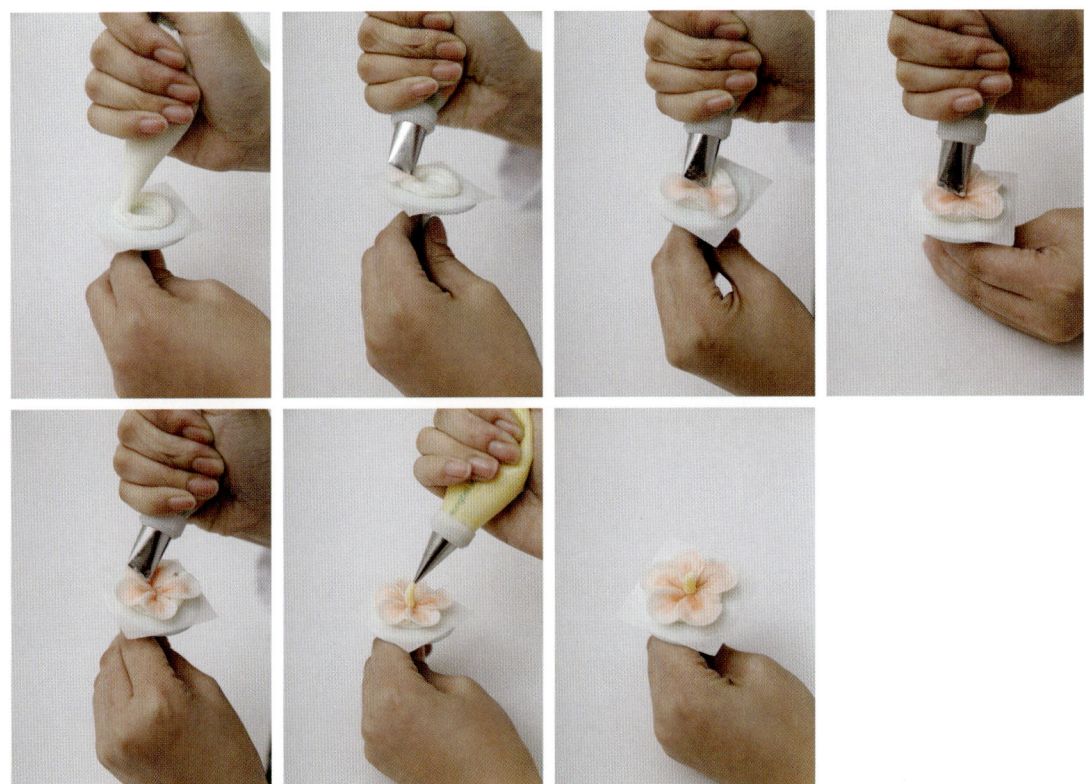

五、蝴蝶兰

制作过程：

1. 121号花嘴口部宽头向内、窄头向外，倾斜于花钉拉半弧，中间停顿一下，不断开，紧接着向下拉出另一半的弧形，整个花瓣呈叶子形。

2. 用同样方法做第二、第三瓣花瓣，第一层的三片花瓣呈三角形状分布。

3. 第二层花瓣呈半圆形，在第一层两片花瓣中间位置重叠。

4. 做同样的半圆形花瓣，与前一片半圆形花瓣对称。

5. 81号花嘴凹面向左拔出花蕊，再将凹面向右对称拔出花蕊，中间拉出一个比较长的花蕊。

6. 用2号花嘴装黄色奶油，垂直拔出细长形的雄蕊。

第六章
裱花蛋糕（黄油奶油）

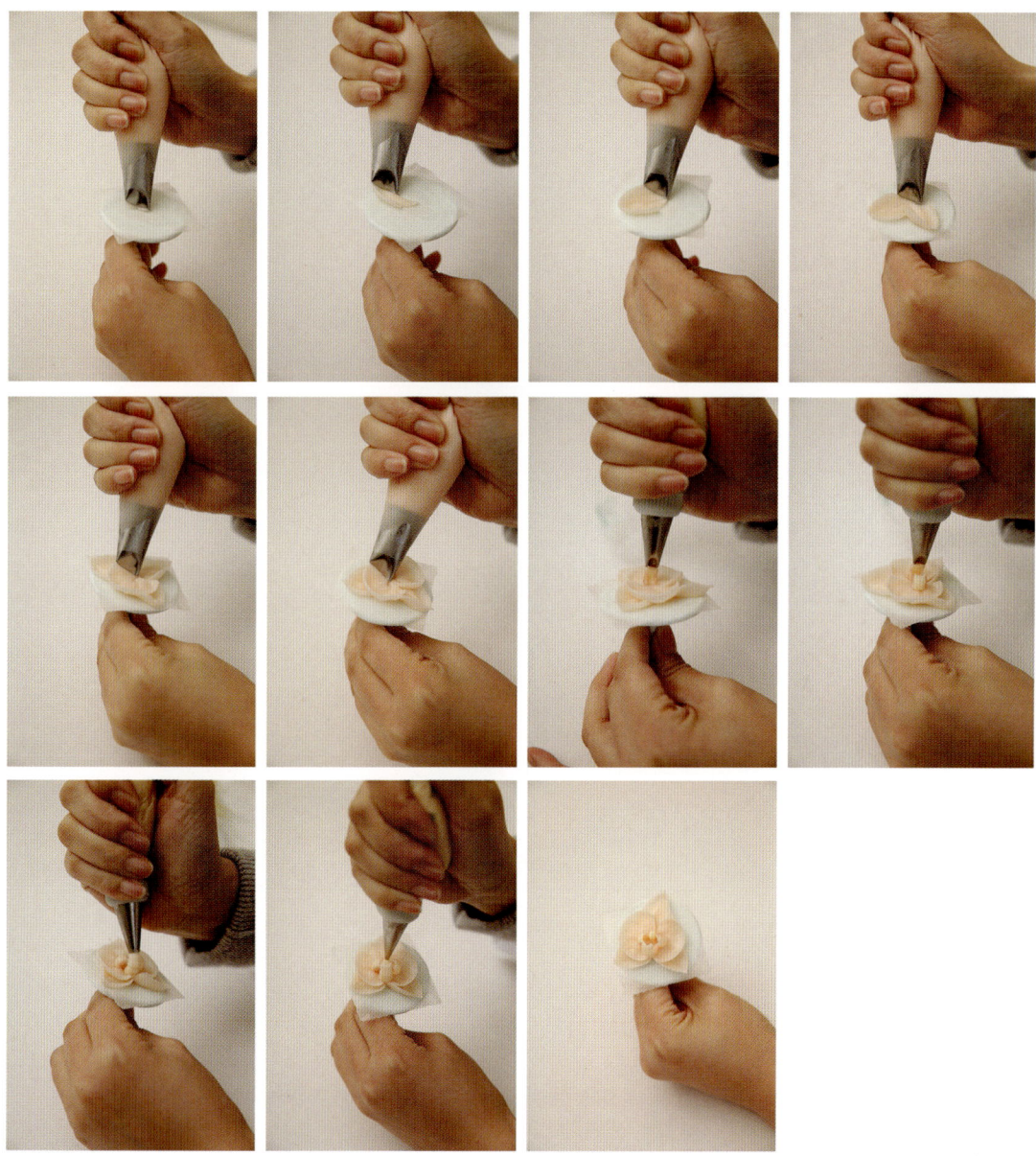

六、桔梗

制作过程:

1. 取125号花嘴,挤少量奶油作为支撑。

2. 花嘴口部宽头朝下、窄头朝上,垂直围绕支撑绕一圈。

3. 在接口处,花嘴口部宽头在下、窄头倾斜在上,倾斜挤出弓形花瓣,两片对称做完第一层花瓣。

4. 第二层做两片或三片都可以,但是花瓣带褶皱,边挤奶油边左右摆动,花嘴最尖端不变。

5. 同样方法做外边一层,花瓣越向外,花嘴角度也随之越向外倾斜。

第六章
裱花蛋糕（黄油奶油）

七、菊花

制作过程:

1. 在花钉上挤一个圆球,将81号花嘴凹面向内、弧面向外,在圆球上垂直拔出花瓣。

2. 第二片花瓣是从第一片花瓣中间垂直拔出。

3. 第三片是从第二片中间拔出,形成旋转状花心。

4. 紧贴着花心侧面接口处拔第一层花瓣。

5. 以同样的方法拔其他层,每一层花瓣高度相同,交错重叠。

6. 每层花瓣分别向外倾斜15°角,整朵花呈圆形。

第六章
裱花蛋糕（黄油奶油）

八、毛茛花

制作过程：

1. 在花钉上挤圆球，作为花朵底座。

2. 将104号花嘴口部宽头朝下、窄头朝上，挤出弧形花瓣，比较短，第一层做大约五片花瓣，包住花心。

3. 第二层花瓣盖住第一层花瓣接口，但需注意花心位置。

4. 花瓣由下向上再向下，花瓣一层比一层长、一层比一层高，交错重叠。

5. 外边二层至三层由高到低，花嘴口部向外打开，做出花完全开放的状态。毛茛花花瓣短、层次多，且层次分明，每层可直接重叠，或交错重叠。

第六章
裱花蛋糕（黄油奶油）

九、牡丹花

制作过程：

1. 挤一个圆圈，作为花的底座。

2. 将104号花嘴口部宽头向内、窄头向外，放在底座圆圈边缘，微向外翘起20°左右，上下抖动挤出扇形花瓣，六片为一层。

3. 将花嘴放置在第一层花瓣交错处的根部，倾斜30°～40°，抖动挤出第二层花瓣，需要与第一层花瓣同样大小。

4. 把花嘴放置在第二层花瓣的根部，立起80°～90°，抖动挤出第三层花瓣，花瓣需小于前两层。挤第三层时，需要在花蕊部位留有足够的空间，使花蕊部分凹进去。

5. 用2号圆花嘴拔出黄色花蕊。整体牡丹花必须是三层，花形圆润，每层之间应有立体感，花瓣有一定翘度，方才美观。

第六章
裱花蛋糕（黄油奶油）

十、芍药花

制作过程：

1. 挤一个稍微大的圆球，作为芍药花的底座，使其花比较大。

2. 用61号花嘴做花瓣，逆时针操作，花嘴尖端向下，花瓣由下向上再向下，呈弧形，第二片花瓣盖住第一片花瓣一半位置，第一层五片花瓣包住花心。

3. 第二层花瓣方法相同，但花嘴角度稍微向外打开15°，需露出第一层花瓣中心位置。

4. 做第三层花瓣时，花嘴角度偏垂直，花瓣相对于前两层花瓣略长些，花瓣层次高度比前两层的略高。

5. 向外做的花瓣层次越来越低，让花朵呈现盛开的状态，花嘴角度就越向外打开。花朵最外层花瓣相对于前一层花瓣较短，从花朵侧面看花瓣层次由高到低，从正面看花心位置较低，整朵花呈圆形。

第六章
裱花蛋糕（黄油奶油）

十一、松果

制作过程：

1. 在花钉上挤一个小圆锥体，作为松果支撑。将81号花嘴凹面向内、弧面向外，在支撑上拔出松果的花瓣。

2. 松果表皮纹路是一层比一层矮，呈阶梯状。每向下一层，花嘴角度就打开约15°角，最低端花嘴接近平角。整个松果呈圆锥体，上端尖，下端宽，层次分明。

第六章
裱花蛋糕（黄油奶油）

十二、叶子一

制作过程：

1. 在花钉上放油纸，方便取下叶子。将352号叶子花嘴垂直于花钉，在中心处挤出叶子顶端。

2. 边挤奶油边上下抖动花嘴，使其出现均匀的纹路。

3. 向上拔出尖状。

第六章 裱花蛋糕（黄油奶油）

十三、叶子二

制作过程：

1. 需要的叶子颜色可提前调好，可夹色操作，将104号花嘴口部的宽头朝内、窄头朝外。

2. 从下向上再向下移动，一边挤奶油一边前后抖动，并呈一定的弧度。

3. 达到叶子的长度后，挤出对称的形状，挤至整体呈现U形，使表面出现规则纹理。

4. 带出中心叶茎。

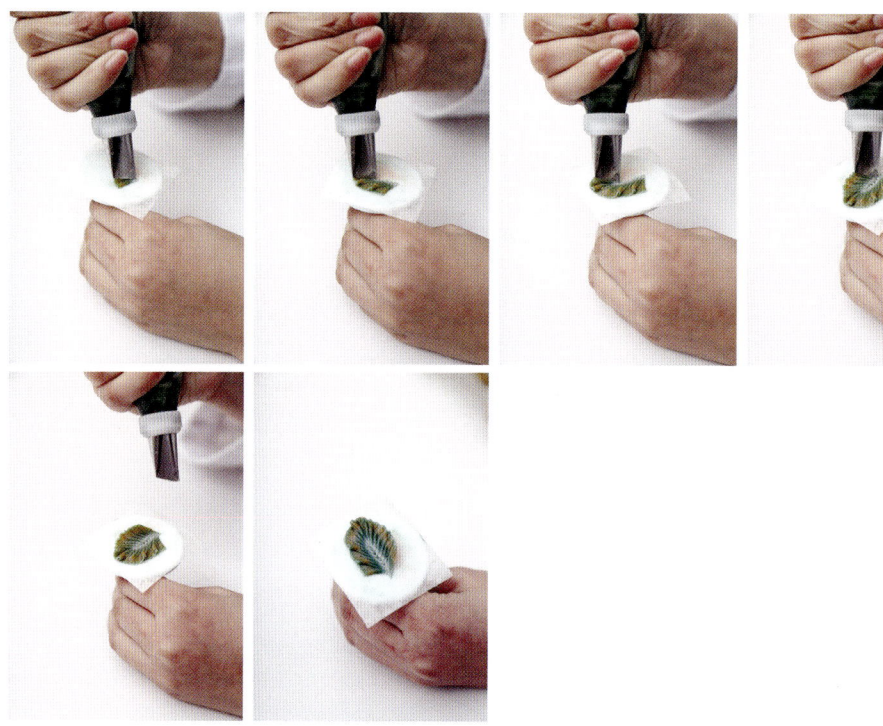

十四、叶子三

制作过程:

1. 将104号花嘴口部的宽头向内、窄头向外贴于花钉上,花嘴倾斜由下向上再垂直向下直拉,做出叶子的三分之一。

2. 以同样的方法拉出一长一短的叶子,且三片叶子中间不断开,使其连贯,组成中间长两边短、有立体感的叶子。

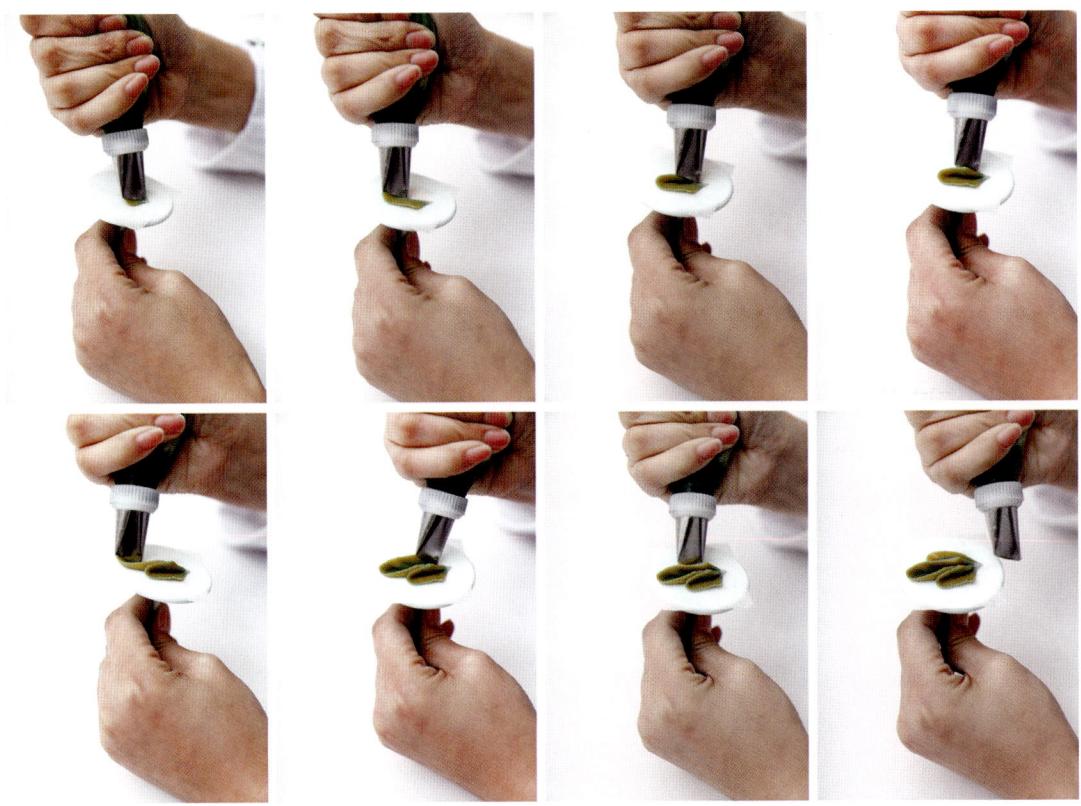

第六章
裱花蛋糕（黄油奶油）

十五、叶子四

制作过程：

1. 将104号花嘴口部宽头朝内、窄头朝外，倾斜放在花钉上。

2. 边挤奶油边由下向上移动，中间稍微停顿一下，形成尖状。

3. 再将花嘴向下，至起始点收尾。整个叶子呈现上端尖，中间宽，下端窄的形状。

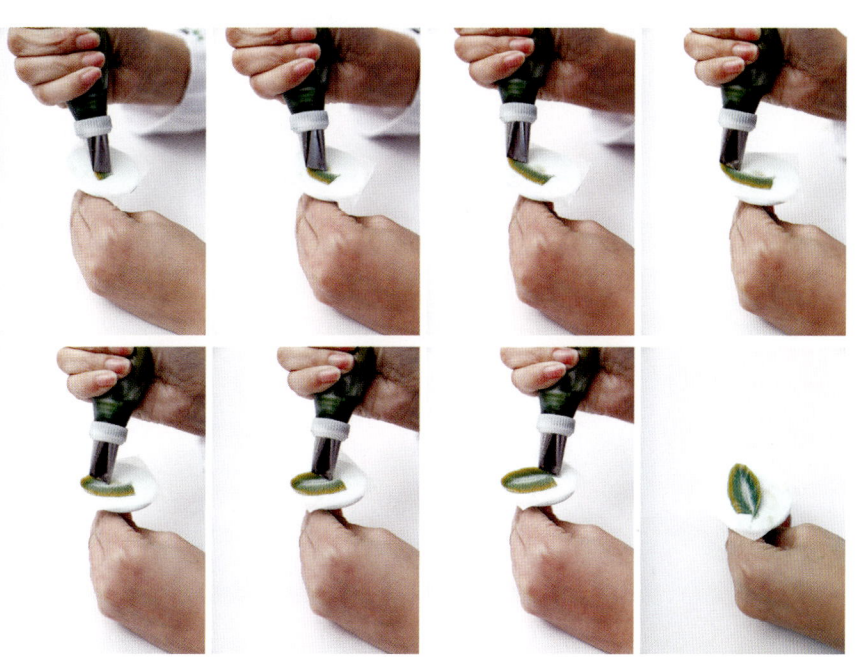

第三节　常用花边

一、交错吊弧

制作过程：

1. 用小号圆花嘴挤奶油，边挤边向上提起。
2. 转动转盘到一定的距离，花嘴放到与开头平行的水平线上。
3. 重复以上动作挤奶油，保持每一个的距离长短都一样。
4. 在第一个中间穿插以同样的方法做吊边，保持每一个的距离长短都一样。

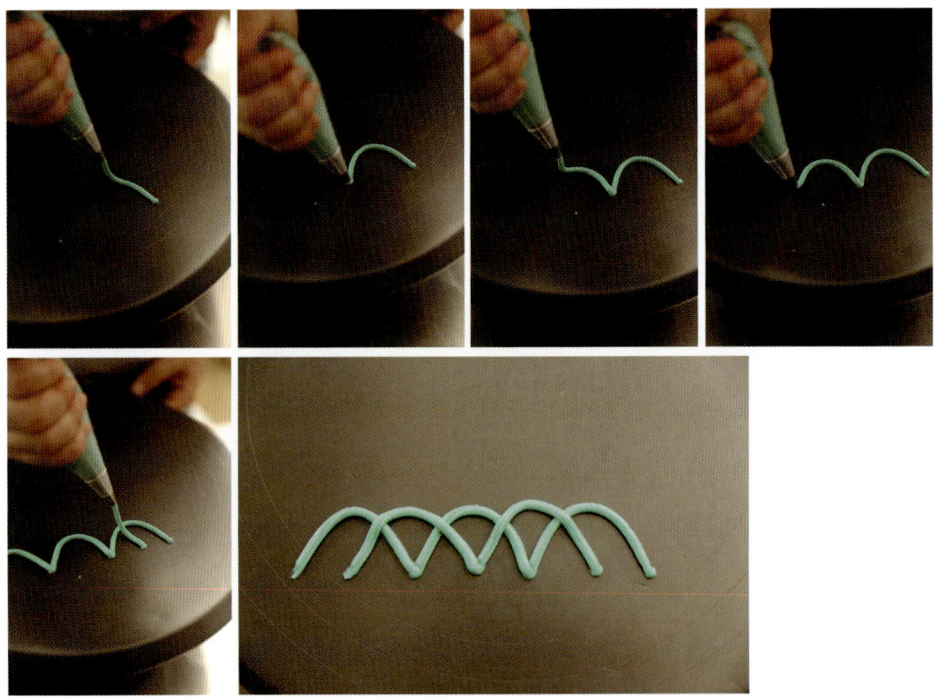

第六章 裱花蛋糕（黄油奶油）

二、双重吊弧

制作过程：

1. 用小号圆花嘴挤奶油，边挤边向上提起。
2. 转动转盘到一定的距离，花嘴放到与开头平行的水平线上。
3. 重复以上动作挤奶油，保持每一个的距离长短都一样。
4. 在下一层以同样的方法吊起每一条花边，比上一层大一点，要均匀，保持每一个距离长短都一样。

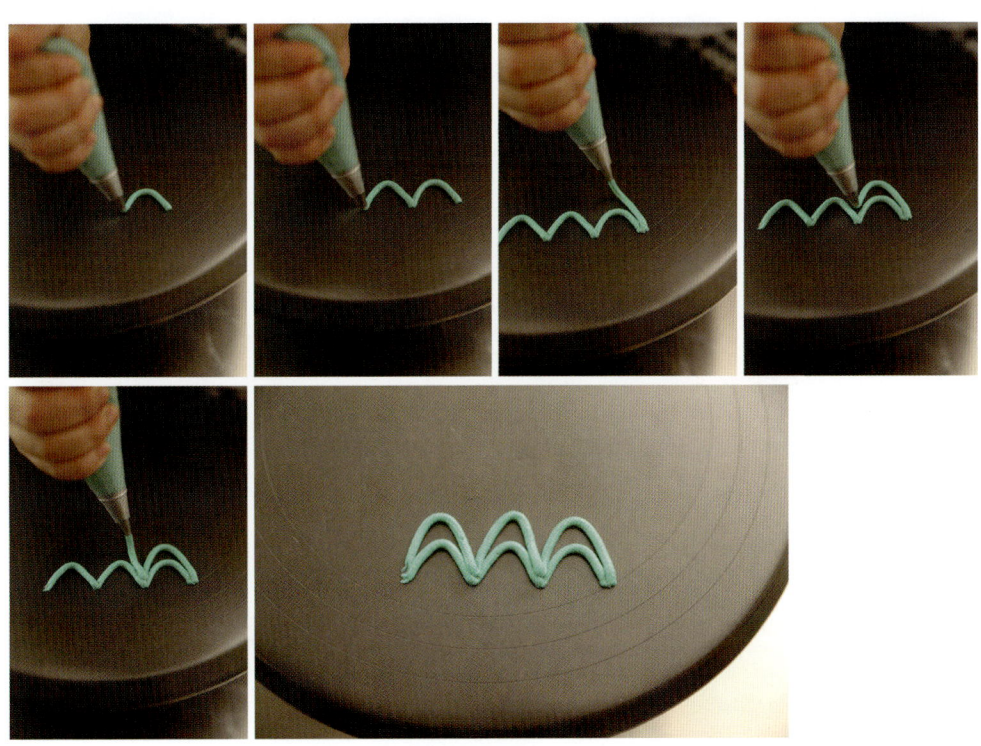

三、豆边（扁锯齿花嘴）

制作过程：

1. 用扁锯齿花嘴，花嘴与转盘角度打开45°，放平花嘴挤奶油。

2. 匀速挤奶油，边挤边向上提起。

3. 花嘴向后托，挤出由粗到细的花边。

4. 重复动作做接下来的几个，每个间隔0.5厘米。

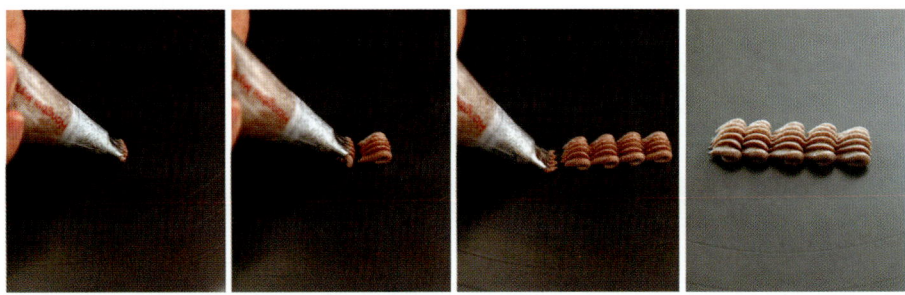

四、豆边（圆花嘴）

制作过程：

1. 用圆花嘴，花嘴与转盘角度打开45°。

2. 匀速挤奶油，边挤边向上提起。

3. 花嘴向后托，挤出由粗到细的花边（重复动作做接下来的几个，每个间隔0.5厘米）。

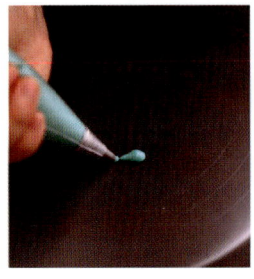

五、豆边（圆锯齿）

制作过程：

1. 用圆锯齿花嘴，花嘴与转盘角度打开45°。
2. 匀速挤奶油，边挤边向上提起。
3. 花嘴向后托，挤出由粗到细的花边。
4. 重复动作做接下来的几个，每个间隔0.5厘米。

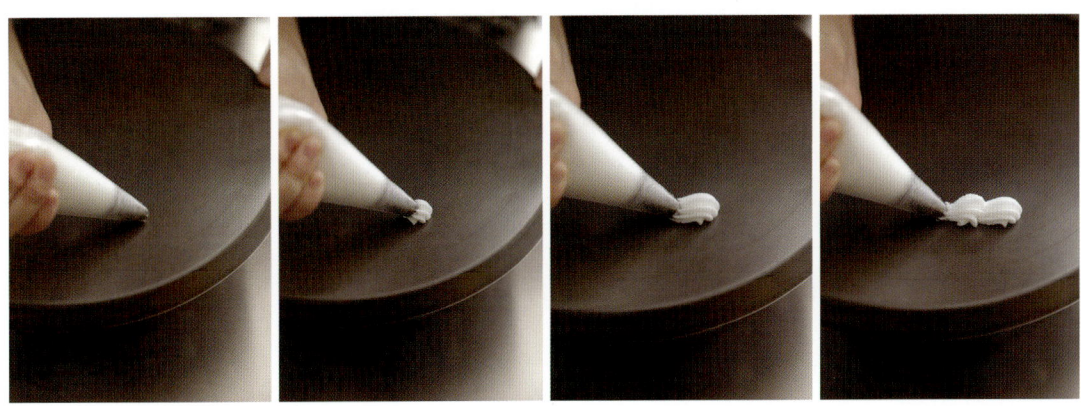

六、绕（扁锯齿）

制作过程：

1. 用扁锯齿花嘴，花嘴与转盘角度打开45°挤奶油。
2. 边挤边向前绕。
3. 左手匀速转动转盘，右手均匀向前绕，做出的花边均匀即可。

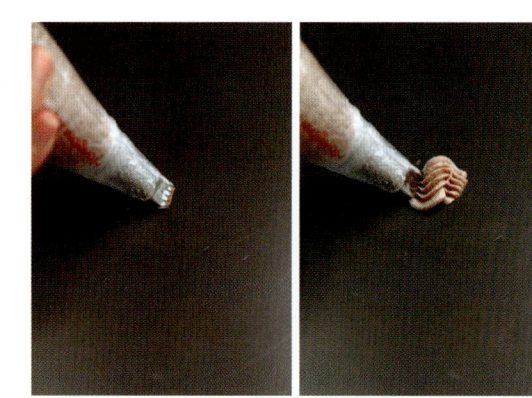

七、绕（圆锯齿）

制作过程：

1. 用圆锯齿花嘴，花嘴与转盘角度打开45°挤奶油。

2. 边挤边向上提起，逆时针由粗到细拉出尾巴。也可以同样的方法，顺时针由粗到细拉出尾巴。

3. 以同样的方法一个个挨紧做出来。

八、栅栏（扁锯齿）

制作过程：

1. 用扁锯齿挤奶油，挤出一条长线。

2. 以画十字的方法挤出一条条短线。每条短线是三个花嘴的宽度，每条短线间隔一个花嘴的宽度。

3. 每做完一排短线，再去拉一条长线，保证长线压住每一条短线。

4. 重复以上动作，在缝隙处挤出一条条短线。保持每条花边大小均匀。

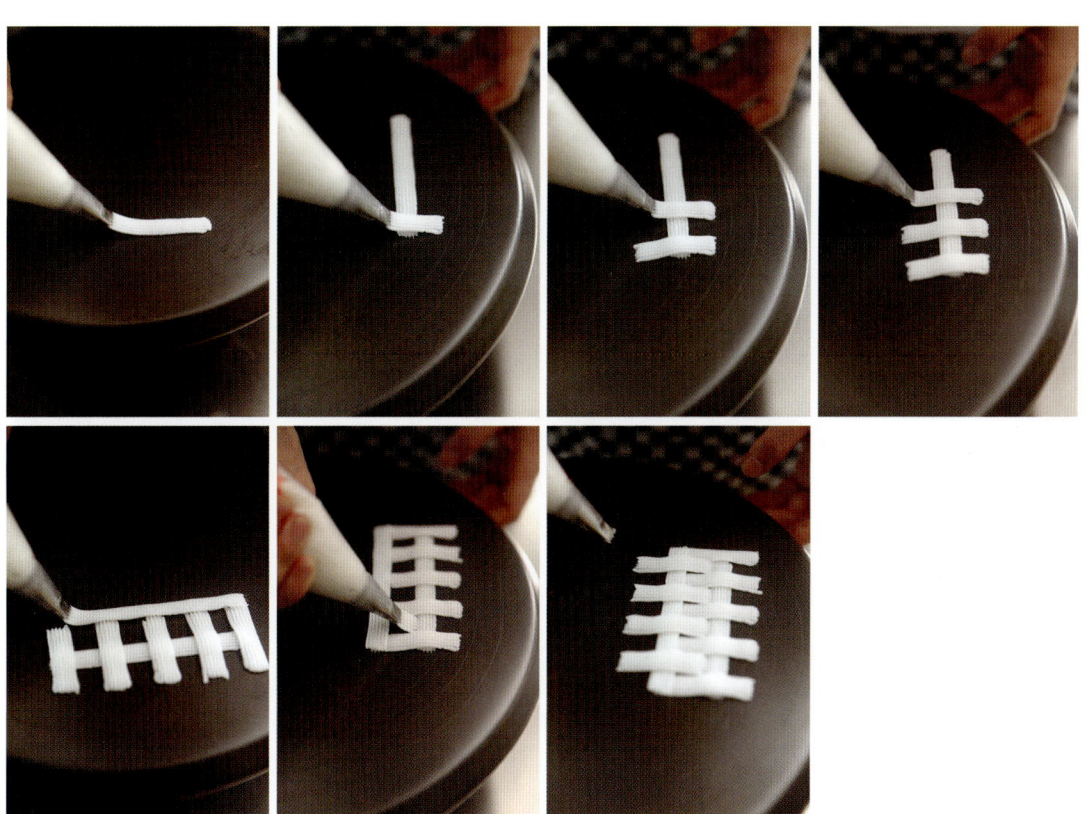

九、隔色扁锯齿栅栏

制作过程：

1. 用圆花嘴挤奶油，挤出一条长线。

2. 用扁锯齿以画十字的方法挤出一条条短线。每条短线长度为三个扁锯齿花嘴的宽度，每条短线间隔一个花嘴的宽度。

3. 做完每一排短线，再去拉一条长线，保证长线压住每一条短线。

4. 再重复以上动作，在缝隙处挤出一条条短线。保持每条花边大小均匀。

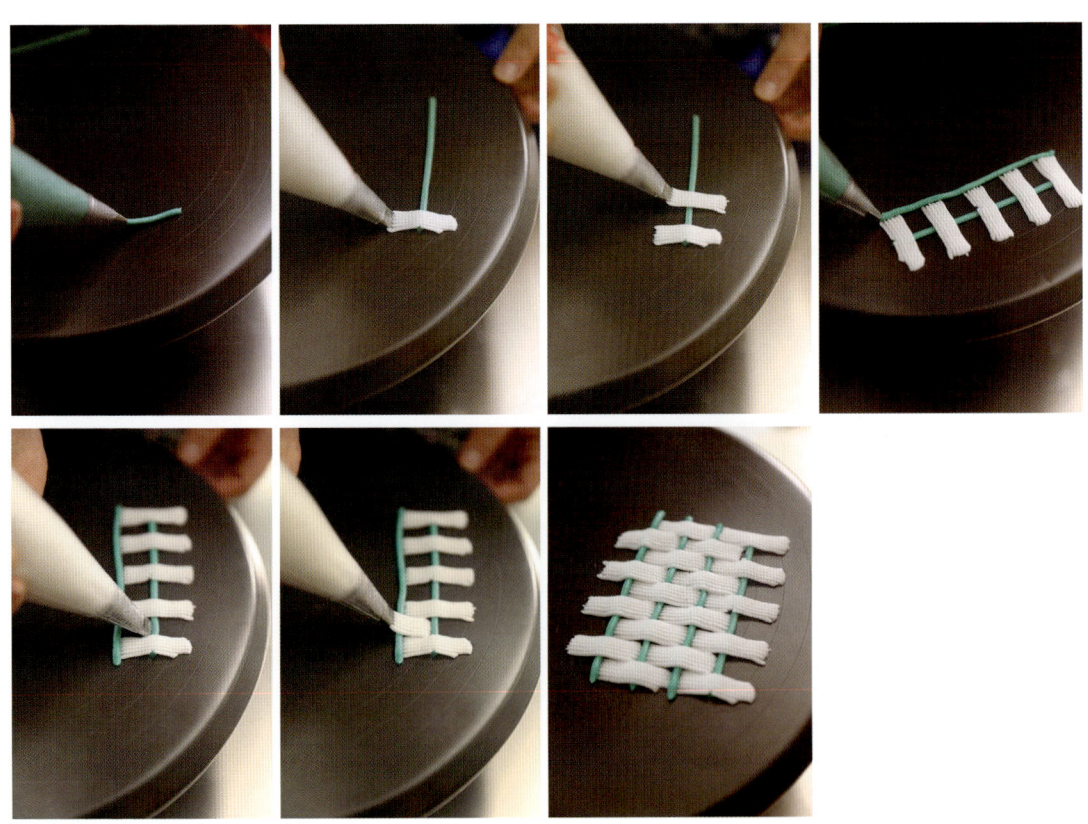

十、栅栏（夹色圆锯齿）

制作过程：

1. 用圆锯齿挤奶油，挤出一条长线。

2. 以画十字的方法挤出一条条短线。每条短线长度要均匀，每条短线间隔也要均匀。

3. 做完每一排短线，再去拉一条长线，保证长线压住每一条短线。

4. 重复以上动作，在缝隙处挤出一条条短线。保持每条花边大小均匀。

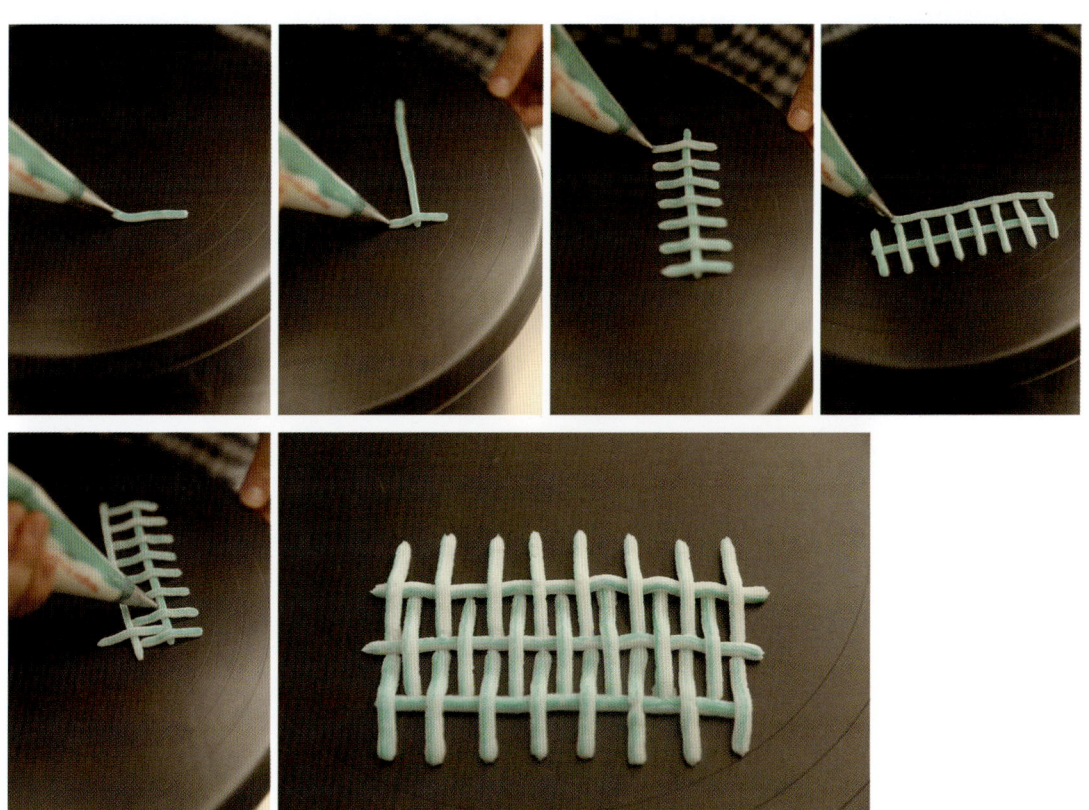

十一、麦穗（圆锯齿）

制作过程：

1. 用圆锯齿花嘴，花嘴与转盘角度打开45°挤奶油，边挤边向上提起，拖出由粗到细的尾巴。

2. 花嘴向一侧倾斜以同样的方法挤奶油。一左一右一个一个挨着挤，不要并排。尾巴要在一条线上。

十二、夹色毛毛虫

制作过程：

1. 用圆锯齿，放在转盘左侧挤奶油。

2. 边挤边做上下运动，挤出细粗细的花边。

3. 连起来做，做的每个大小均匀即可。

第六章
裱花蛋糕（黄油奶油）

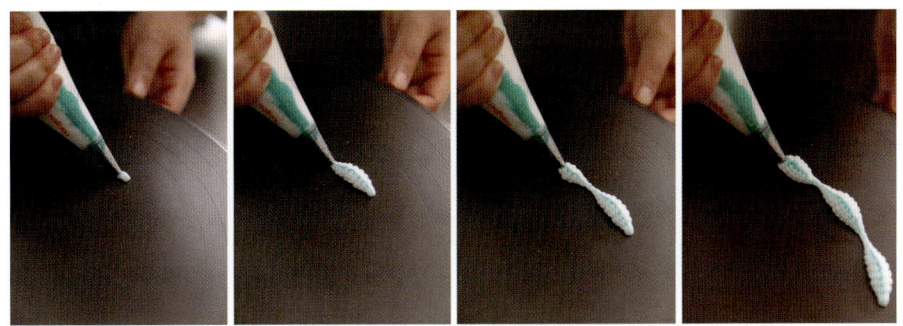

十三、夹色绕拉弧

制作过程：

1. 用圆锯齿倾斜45°挤奶油，边挤边向前绕。
2. 花嘴贴着转盘挤奶油，拉出弧形的线。
3. 以同样的方法挤奶油，画出花边，保持每条花边均匀。

十四、夹色绳边

制作过程：

1. 用圆锯齿花嘴倾斜45°挤奶油。

2. 边挤边向前绕。

3. 左手匀速转动转盘，右手均匀向前绕，做出的花边均匀即可。

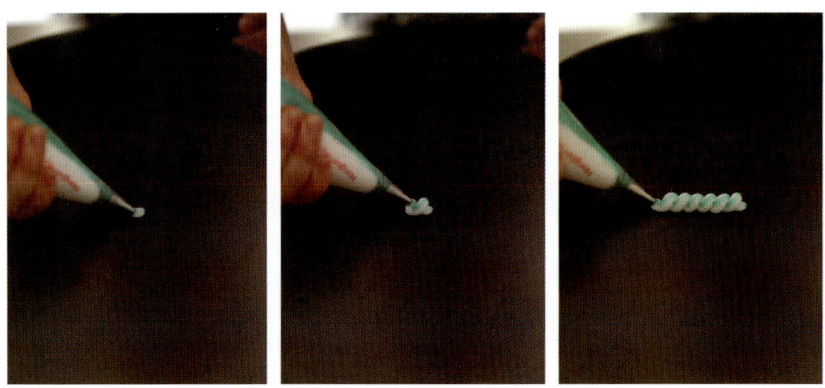

十五、斜推（扁锯齿）

制作过程：

1. 用扁锯齿花嘴，花嘴与转盘角度打开45°。

2. 匀速挤奶油，边挤边向上提起。

3. 花嘴向后托，挤出由粗到细的花边。

4. 重复动作做接下来的几个，每个间隔0.5厘米。

第六章
裱花蛋糕（黄油奶油）

十六、羊毛卷

制作过程：

1. 用圆锯齿花嘴，垂直挤奶油。

2. 边挤边向上提，顺时针挤奶油。

3. 绕出一个完整的圆，尾巴放在最下方，掩盖接口。

第四节 抹面技法

一、直面

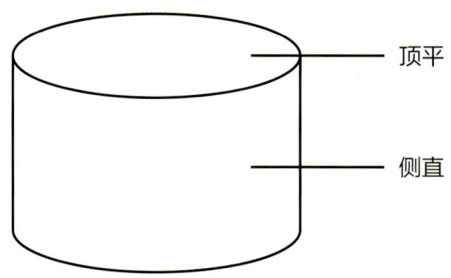

制作过程：

1. 将奶油放至蛋糕顶部，抹刀放在蛋糕左侧中心处，就是9点钟方向，刀刃一侧贴紧奶油，另一侧略微打开，刀面打开的角度为30°，刀柄与转台呈75°，将蛋糕侧面抹光滑。抹刀抹至蛋糕顶部时，刀面翘起30°，刀柄略微放平，将蛋糕顶部蒙古包走出水纹。

2. 刀柄与转盘平行，刀面翘起30°，直至将蛋糕顶部奶油抹平（注：利用肢体垂直向下压，切记在压的过程中肢体不可以向自己面前移动，食指千万不可以第二次发力），刀尖始终要放在蛋糕顶部中心点处。

3. 刀尖离奶油边缘约1厘米（一个食指的宽度），刀柄与转盘呈45°，刀面翘起30°，轻轻向下压并向外推（注：奶油始终控制在刀面的内侧）。

4. 刀柄以45°—55°—65°—75°—80°—90°整体向下推（注：将奶油控制在刀面的内侧），这时操作者的身体应该向左倾斜，转台在身体的右侧。

5. 刀柄再以90°—80°—75°—65°—55°—45°向上抹成水纹状，抹至顶部时，刀面打开30°，刀柄略微翘起，将顶部多余奶油去掉。

6. 将顶部抹成坡形，抹刀放至蛋糕右下角的位置（5点钟方向），刀面打开30°，刀尖略微翘起。

7. 抹刀放于左侧中心点位置（9点钟方向），将侧面抹直。拿抹刀时，应将手往刀面上放（防止拿刀不稳），刀的一侧贴紧奶油，另一侧略微打开，抹刀张开的角度为15°。

8. 抹刀放在左侧不要动，左手转动转台，抹刀打开15°，将侧面的奶油往上侧赶，直到侧面奶油高于顶部奶油1厘米即可。

9. 左手将抹刀平行于自己，放于整个蛋糕一半的位置，右手将抹刀放于蛋糕右侧中心点的位置（3点钟方向），右手的抹刀要垂直于左手的抹刀，收面时，先将边缘的奶油刮光滑，再往中心点收（一旦抹刀接触奶油，所有的手指都不可二次用力）。

10. 右手的抹刀平行往左侧移动，刮的过程中，右手的抹刀始终在左手的抹刀的内侧，刮至整个面的半径处，将奶油刮掉即可。

11. 抹刀放于蛋糕右侧底部（5点钟方向），贴于转盘，刀面打开30°，利用刀尖将底部多余奶油切掉。

12. 将底部奶油刮掉。

二、圆面

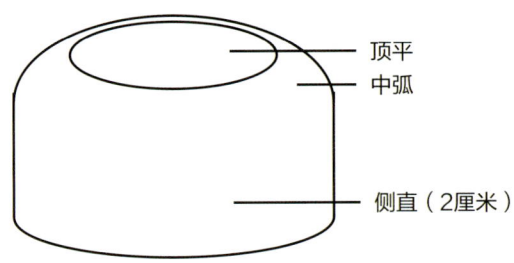

制作过程:

1. 将奶油放至蛋糕顶部，抹刀放在蛋糕左侧中心处，就是9点钟方向，刀刃一侧贴紧奶油，另一侧略微打开，刀面打开的角度为30°，刀柄与转台呈75°，将蛋糕侧面抹光滑。

2. 抹刀抹至蛋糕顶部时，刀面翘起30°，刀柄略微放平，将蛋糕顶部蒙古包走出水纹。

3. 刀柄与转盘平行，刀面翘起30°，直至将蛋糕顶部奶油抹平（注：利用肢体垂直向下压，切记在压的过程中肢体不可以向自己面前移动，食指千万不可以第二次发力），刀尖始终要放在蛋糕顶部中心点处。

4. 刀尖离奶油边缘约1厘米（一个食指的宽度），刀柄与转盘呈45°，刀面翘起30°，轻轻向下压并向外推（注：奶油始终控制在刀面的内侧）。

5. 刀柄以45°— 55°— 65°— 75°— 80°— 90°整体向下推（注：将奶油控制在刀面的内侧），将蛋糕抹成圆面的形状（注：圆面的特征为顶部平、中间弧形、侧面垂直2厘米）。

6. 将刮片放于右手上，食指、尾指主要控制刮片的上、下两个位置，大拇指负责夹住刮片（注：防止刮片滑落），食指放于刮片2/3处，中指放于刮片一半偏下的位置，刮片的底端放于尾指一半的地方（注：方便控制蛋糕侧面）。

7. 利用食指的力度将刮片自然弯曲，大拇指放于食指和中指的中间部分，刮片上端的长度要长于下端的长度。

8. 将刮片放于面上，在整个蛋糕右侧中心处，就是3点钟方向，刮片的左上角放于蛋糕中心点偏前一点的位置，刮片张开（向外）的角度为35°。

9. 左手转动转盘，右手始终放在同一个位置，开始刮面。在刮的过程中，刮片不能偏离蛋糕中心点的位置。

10. 转动转盘，直至将蛋糕刮光滑为止。

11. 面刮光滑、刮圆后，将刮片往自己这方收，这时要将刮片略微抬起。

12. 将底部多余奶油刮去。

三、工具的使用技法

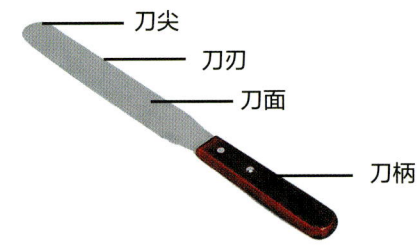

（一）抹刀的使用方法

抹刀由刀刃、刀面、刀尖、刀柄组成，只有知道刀的组成部分，才能清楚地了解拿刀的方法。

1. 刀刃。无名指、中指放于刀刃后，配合大拇指调节刀刃的角度。注意，只要抹刀接触到奶油，刀刃必须翘起30°，使奶油向刀面内侧移动。

2. 刀面。食指要放于刀面的一半处,防止刀的前端翘起。

3. 刀尖。抹刀的最前端是弧形,所以称刀尖。

4. 刀柄。小拇指放于刀柄的最前端呈"钩"状,防止在操作过程中抹刀滑落。刀柄代表抹刀的整体。

(二)刮片的使用方法

手指拿刮片必须使刮片弯曲的形状达到圆面的特征,拿刮片时只有三个手指发力(食指、大拇指、小拇指),中指、无名指只是辅助作用(防止刮片中间的弧形变形)。

中指放在刮片长度的二分之一处偏下,食指控制刮片上端,食指第二个关节弯曲,那么刮片上端的平面就会自然地放平,同时大拇指的指甲部分必须抵住食指中间关节以防止刮片滑落,小拇指控制刮片底部(底部刮刃将小拇指一分为二),同时小拇指第二个关节弯曲将刮片底部垂直,无名指辅助小拇指。

第五节　常用裱花技法

一、方式一（无花嘴）

用剪刀平整剪去裱花袋的尖角（稍小一点），直接装入奶油霜即可裱花。

（一）拔

（二）吊

（三）吊线

（四）挤（绘图）

（五）挤（吐丝）

（六）挤（斜边）

（七）挤（迷宫）

二、方式二（使用花嘴）

用剪刀平整剪去裱花袋的尖角（稍大一点），套入花嘴，装入所需奶油霜即可裱花。

（一）吊边

（二）挤（裙边）

三、方式三（使用裱花棒与剪刀）

裱花棒用来支撑花朵的制作，其特征：有两端，一端尖一端圆，根据花形的需要选择应用。

剪刀是用来剪花托和摆放花的，可以干净利索地移动和摆放。

四、方式四（使用毛刷）

选用裱花专用毛笔，可以在蛋糕上手绘、勾线、装饰，也可以处理花卉中细部手法。

第六节　组合蛋糕

一、红豆

制作过程：

1. 用白色奶油霜在蛋糕坯上抹出一个直面。
2. 将挤好的花放于蛋糕面上，花的摆放顺序依次呈弧形。
3. 用绿色叶子嘴挤出叶子。
4. 用最小号圆花嘴挤出红色圆点进行装饰。
5. 在蛋糕中心写出字母进行装饰。

二、花朵朝阳

制作过程:

1. 用奶油霜抹一个白色的直面。
2. 用叶子花嘴装上橙色奶油,倾斜向上拔一圈,呈一个圆形。
3. 第二层和步骤二的手法一样,交错体现完整的一个圆。
4. 用咖啡色的奶油挤上小圆球的花心。
5. 用叶子花嘴挤上叶子。
6. 用咖啡色奶油挤上藤蔓。

三、眷恋春天

制作过程：

1. 在抹好的蓝色水纹面上以倾斜20°~30°放上做好的小五瓣与小野菊，再以倾斜45°放入玫瑰花骨朵。

2. 在花与花之间以直拉的手法挤出叶子。

3. 在相对应的前方底部放上做好的小玫瑰，再以平行的方式放上第二朵。

4. 在底部的花与花的空隙间挤上叶子。

第六章
裱花蛋糕（黄油奶油）

四、青春派

制作过程：

1. 用白色奶油霜制作出直面，将侧边收垂直，再用抹刀将顶部收平。

2. 用剪刀将挤好的玫瑰花放上去，白色、粉色和巧克力色交错放。

3. 用调制成巧克力色的奶油霜挤一圈，然后连续用调制好的巧克力色的奶油霜挤四到五圈。

4. 用剪刀将五颜六色的玫瑰花放六七朵，然后在每一朵中间加花骨朵。

五、青花瓷

制作过程：

1. 将锯齿花嘴贴于蛋糕贴面，倾斜45°上下抖动。

2. 抖出纹路细一粗一细，两边出奶油量少中间出奶油量多，呈半弧形。

3. 花嘴垂直于侧面，在两个圆弧接口处挤圆球。

4. 花嘴顺着上一个半边的路径走弧形，到下一个圆弧接口处收尾。

5. 用小号圆花嘴挤小花。

6. 小花边缘处以及底边运用吊线的手法装饰。

7. 将做好的玫瑰花以中心为原点摆一圈。

8. 用叶子花嘴在花束的空隙处挤上叶子。

六、心花怒放

制作过程：

1. 用白色奶油霜将心形面的侧边和顶部收平收光滑。
2. 将白色的奶油霜调成紫色，用扁锯齿花嘴把篮边挤好。
3. 将白色的奶油霜调成紫色，用圆锯齿花嘴在顶部边缘绕好。
4. 用白色的奶油霜挤成宿根福禄考，用剪刀放好。
5. 将白色的奶油霜调成紫色，在中心写字母。
6. 用圆锯齿花嘴绕底边。

七、阳光灿烂

制作过程：

1. 在底坯上抹出直面，顶部抹平。

2. 用叶子花嘴以直拔的手法拔出带有尖端的小花瓣，在第一层花瓣的基础上 再拔出第二层花瓣。

3. 在中心点处用咖啡色的细裱点出圆点，在咖色花心与第二层花瓣之间拉上绿色小叶子。

4. 在中心间隔地点上黄色圆点。

5. 把菊花与向日葵铺满整个平面。

6. 在花与花之间挤上绿色的叶子。

7. 在空隙处点上一些黄色的小圆点用以点缀。

第七章
整形蛋糕（含糖艺）与盘式甜点

第一节　慕斯蛋糕的常见操作

一、基础操作

（一）贴油纸

1. 烤盘。

（1）取稍大于烤盘尺寸的油纸，用剪刀在每个顶点处沿着对角线剪一个口子。

（2）将油纸铺入烤盘中。

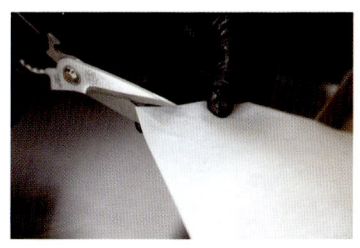  

2. 圆形圈模。

（1）根据模具底部大小，裁切出比模具直径大1~2厘米的圆形油纸，放在模具底部。

（2）根据模具的周长，裁切出长方形油纸，油纸宽度等于或者稍大于模具高度，围于模具内部。

3. 方形模具。

（1）裁切出合适大小的方形油纸（油纸边长＝方形模具边长＋模具高度），以模具内侧边长为参照线折出折痕。

（2）选取一个对边，沿着折痕用剪刀剪出一个口子，口子长度为模具高度。

（3）沿着剪出的口子，将该处油纸对折。

（4）将油纸整体放入模具内，用手碾平。

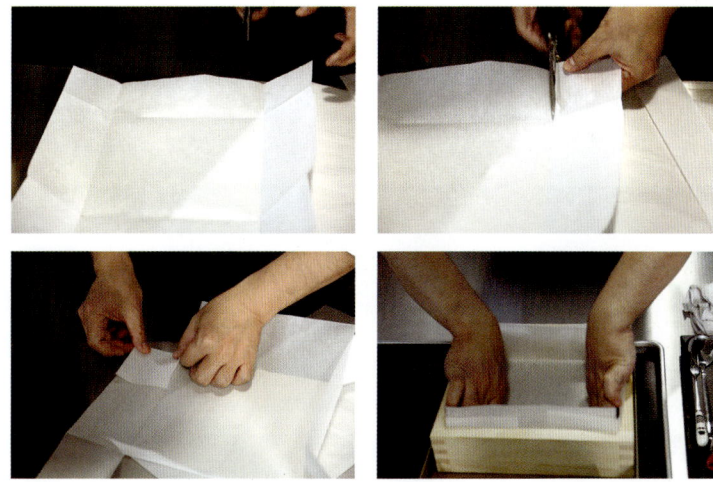

（二）筛粉

因为粉类材质非常轻，且易吸潮，所以一般在使用前，都会进行筛粉操作。筛粉可以去除粉类中的杂质与颗粒，并使其颗粒之间充入空气，以使整体到一种蓬松的状态，这样在后期能增加面粉与其他材料的接触面积，方便后期更好地混合。

单个产品制作中如果有多种粉类，无特殊使用要求外，可以混合过筛，建议过筛两遍。

示例：

以可可粉和低筋面粉为例（请注意观察粉类的蓬松度变化）。

1. 在桌面上垫一张油纸（防脏，且能充当盛器盛接粉类），混合粉类倒入网筛中。

2. 进行第一次筛粉。

3. 完成后，用油纸包住粉类并提起油纸，将粉类倒入盛器中。

4. 将油纸继续铺在桌面上，将混合粉第二次倒入网筛中。

5. 进行第二次过筛。

6. 完成，及时使用。

（三）打发

打发是指使用搅拌器作用于材料产品中，使空气规律性地进入材料产品中，使材料质地发生膨发的过程。

1. 淡奶油打发。奶油打发至一定阶段，淡奶油会呈现纹路状态，提起打蛋器能形成一定的形状。不可过度打发，否则会呈渣滓状。

第七章 整形蛋糕（含糖艺）与盘式甜点

在不同的需求下，打发淡奶油的程度也会不一样。

如在进行涂抹类或者挤裱装饰需求时，打发淡奶油（香缇奶油）需至稍硬状态，外观能形成清晰的形状。

在进行馅料混合时，一般情况下需打发至浓稠状，带有流动性。

2. 蛋白打发。取新鲜蛋白，与砂糖混合打发至泡沫状态，是甜品制作中最基础操作之一。打发过程中蛋白慢慢由液体呈现泡沫，泡沫由大至小，再至细密状，继续打发可呈现清晰的纹路，能形成固定的形状。

  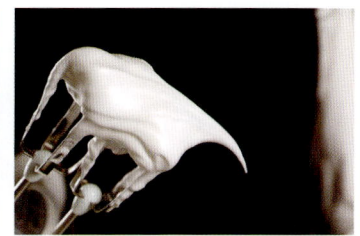

3. 全蛋打发。全蛋打发是海绵类蛋糕坯制作的基础，因全蛋成分较复杂，打发程度不如蛋白，为了更快更好地呈现打发效果，在制作前，一般需要将全蛋液隔水加热至35℃~40℃，再进行打发。

4. 黄油打发。黄油打发的过程也是在材料中充入空气的过程，一般在进行打发前，需要将黄油软化，不能太硬。夏天可提前将材料取出在室温下进行自然软化，冬天时可使用微波炉等器具进行软化作业。

（四）剖开香草荚

1. 将香草荚放在桌面上，用刀尖划开香草荚，露出内部香草籽。
2. 将刀尖平放在香草荚的一端，往另一端划去，取下香草籽。
3. 使用时，为了增加更加浓郁的香气，可以将香草籽和剩下的香草荚壳一起放入液体材料中，一起加热煮沸，或者焖煮，之后过滤去除荚壳和杂质。

第七章
整形蛋糕（含糖艺）与盘式甜点

二、常见慕斯馅料制作

基本上，在奶油酱料中加入凝结材料都可以制作成慕斯。

打发淡奶油、软化黄油与基底混合是最常见的馅料制作方法，在此基础上再加入凝结材料就可以制作出各式口味的慕斯馅料。

常见基底：

名 称	基础原料	特 点
英式蛋奶酱	蛋黄（全蛋）、糖、牛奶混合物	很大程度上保留蛋奶香气，熬煮温度控制在82℃~85℃ 单独使用蛋黄时，效果接近炸弹面糊；使用全蛋时，降低了酱的浓度，有一定的轻盈度
炸弹面糊	糖浆、蛋黄、糖	醇厚，具有浓度，能够帮助凸显蛋糕整体的厚重感
意式蛋白霜	蛋白、糖混合液体	轻盈，洁白，能中和油腻，增加柔滑细腻度，适合多样甜品
卡仕达酱	牛奶、蛋黄、糖、淀粉、黄油	淡黄色酱料，细腻，为百搭基底

（一）英式蛋奶酱

英式蛋奶酱是将蛋黄与砂糖混合拌匀后，再与煮沸的液体混合，继续加热至82℃~85℃制成的一种馅料。英式蛋奶酱中使用的液体除了牛奶或淡奶油之外，还可以用各种口味的果汁来代替，增加了口感的多样性。成功的英式蛋奶酱口感顺滑，颜色为淡黄色，奶香味浓郁，可根据个人喜好加入香草籽，增加风味。

疑问：为什么要加热至82℃~85℃？

超过85℃，蛋黄的凝固速度就会加快，容易结块，低于83℃，蛋黄中的细菌较难消灭。所以，英式奶油酱在温度上的把控很重要。

（二）炸弹面糊

炸弹面糊是将温度为117℃~121℃的糖浆冲入打发的蛋黄中，最后将其搅打至浓稠状的一款馅料。炸弹面糊的颜色为淡黄色，质地黏稠、顺滑，蛋香味浓郁，可作为慕斯基底与其他材料混合制作新的产品。

第七章
整形蛋糕（含糖艺）与盘式甜点

注意事项：

1. 糖浆冲入蛋黄中时，需将糖浆贴着缸壁缓缓倒入正在打发的蛋黄中，避免高温直接烫熟蛋黄。

2. 炸弹面糊后期与其他材料混合时，需要注意温度的把控。比如说如果与黄油混合制作成黄油奶油馅料时，其温度需降至30℃以下。

疑问：为什么蛋黄那么难打发？加热为什么可以帮助它更好地打发？

无论是打发蛋白，还是蛋黄与全蛋，都是一个克服蛋白质疏离状态的过程，在这个过程中，蛋白质、水与空气会重新建立一个稳定的结构。从材料构成上来看，蛋白几乎是一个"蛋白质水囊"，即蛋白内部几乎都是蛋白质和水，但是蛋黄中含有大量的脂肪等复杂成分，水分也不足，所以蛋黄和全蛋的打发难度要高于蛋白。

加热可以更快地加快分子间的运动，通过搅拌可以最大化地使内部结构发生改变，所以在打发全蛋时，经常先要预加热。其实不加热也行，但是打发过程会比较漫长。

炸弹面糊的作用机制与上面描写的类似，但是因为糖浆的高温，如果一下子全部与蛋黄混合，会直接使蛋白质变性。所以需慢慢加入，且在加入过程中高速搅拌，分散热量的同时也在"借助"热量的能力加速改变打发状态。

（三）意式蛋白霜

意式蛋白霜是将温度为117℃~121℃的糖浆冲入打发的蛋白中，直至将其搅打至表面呈现细腻有光泽状态的一款馅料。意式蛋白霜的颜色为白色，具有黏性，稳定性强，不易消泡，可用于基底馅料使用，也常用作蛋糕甜点的表面装饰。

注意事项：

1.糖浆熬制和蛋白的打发的制作时机要控制好，才会有松软而质地紧实细腻的泡沫。一般先等糖浆温度升至100℃左右时，才开始打发蛋白。

2.蛋白泡沫本身特别脆弱，加入糖之后打发，就会变得稳定而具有光泽。原则上，在一定程度内，加入的糖越多，蛋白霜的体形越大，单独烘焙成的蛋白糖就越脆。糖和蛋白的比例一般在1∶1和2∶1之间为宜。

疑问：食用意式蛋白霜安全吗？

糖浆倒入蛋白中后，过大的热量直接使蛋白中的蛋白质凝结，稳定了泡沫，并且可以杀掉蛋白中的沙门氏菌。所以意式蛋白霜可以直接食用，它独特的质地也可以通过挤裱的方式用于慕斯蛋糕表面的装饰。

如果还有些担心，可以买"可生食"鸡蛋，这类鸡蛋在生产和加工过程中有效杜绝了沙门氏菌的生长。

（四）卡仕达酱

卡仕达酱无论在甜点还是西餐领域，都是属于入门基础款馅料。

卡仕达酱是将蛋黄、糖类和粉类混合拌匀后，再与牛奶等液体进行混合和加热，利用蛋黄的凝固力和粉类的糊化能力，在搅拌的作用下制成的一款浓稠且表面有光泽的基础馅料。

基础制作步骤：

1. 先将液体材料混合加热。一般是牛奶，其中可以加入香料类产品，比如可以在牛奶里加盐、香草荚、黄油、淡奶油等；也可以利用水果汁或者水果酱来替代牛奶，丰富蛋糕口感。
2. 将蛋黄类产品混合。一般会加入糖和淀粉、面粉类材料。
3. 液体材料煮沸后，如果其中杂质较多，需要过筛。
4. 将液体材料倒入蛋黄糊中，完全混合均匀。
5. 重新加热，加热期间要不停地搅拌，防止煳锅。
6. 至浓稠后，离火，快速隔冰水降温，且不停搅拌防止馅料结皮。
7. 降温至30℃左右。
8. 加入软化的黄油。
9. 混合搅拌均匀，至细滑的状态。
10. 将馅料用保鲜膜完全包起来，放入冰箱中冷藏待用。

材料说明：

在卡仕达酱中可以加入凝结剂，但是过多的凝结剂会影响卡仕达酱的口感，缺少它又没法使成品拥有长时间的可控形状，所以视温度来决定增加凝结剂的量。

注意事项：

卡仕达酱在制作过程中，非常容易焦煳，所以要一直搅拌。搅拌过程中注意每一个角落，注意质地变化：从沸腾至冒泡，再到气泡稳定，表面顺滑有光泽。

疑问：为什么加入淀粉类产品，能加速卡仕达酱变得浓稠？

玉米淀粉也可以完全替代低筋面粉，淀粉类产品可以减少蛋黄糊的筋性和黏性，甚至有的甜点师会用少量的米粉来增添顺滑感。由于温度升高，淀粉粒吸收大量的水分，直到温度达到50℃～60℃时，淀粉粒子因鼓胀而使内部结构崩塌。所以经过这个温度区间后,淀粉粒子会吸收越来越多的水。

疑问:为什么制作卡仕达酱,会选择蛋黄?

蛋黄中的卵磷脂可以同时亲近脂肪,也可以融合水分子,是非常好的乳化剂。它能使蛋黄和牛奶融合成整体。蛋黄和牛奶中的蛋白质经过加热聚合,再到伸展凝结,最后形成稳定的蛋白质网络。

利用和牛奶相融合的温度,80℃就可以杀死蛋黄糊中的细菌。为了保护牛奶的香气,可将牛奶加热到60℃~70℃。蛋黄和面粉通过后期的熬煮可达到杀菌的效果。

三、模具型慕斯蛋糕组装

(一)基本流程

1. 单个模具组装。

示例:SILIKOMART——Amore600

(1)切割出适合模具大小的饼底,放入模具内。

(2)在模具内挤入慕斯馅料,馅料要能包裹住饼底。

(3)抹平表面,放入冰箱冷冻成型。

(4)取出,脱模。

2. 复合型模具组装。

示例：SILIKOMART ——Kit Lady queen

本套模具由两个模具组成：SAV160-80H40、SAV180-60H50。

（1）使用SAV160-80H40模具，在模具内挤入馅料1，入冰箱冷冻，定型后取出，脱模。

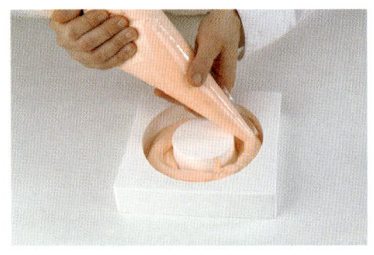 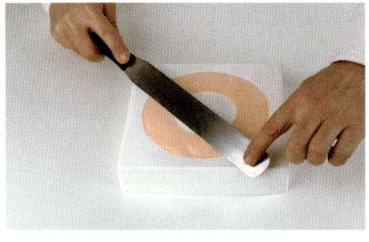 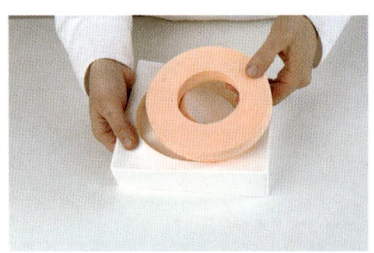

（2）使用SAV180-60H50模具，将馅料2挤入其中，并涂满整个内壁。

（3）将"步骤1"的制品放入"步骤2"的制品中，根据需求在表面涂抹馅料2，用抹刀抹平。

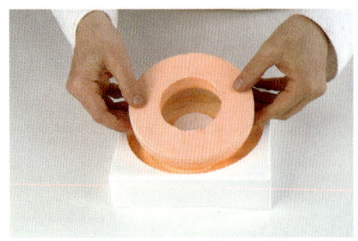 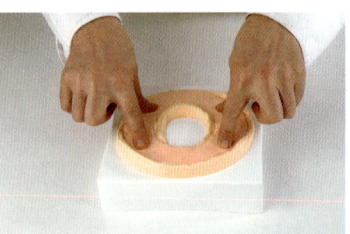 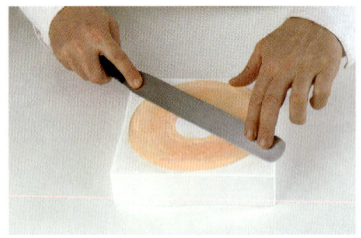

（4）放入冰箱中冷冻定型，取出，脱模。

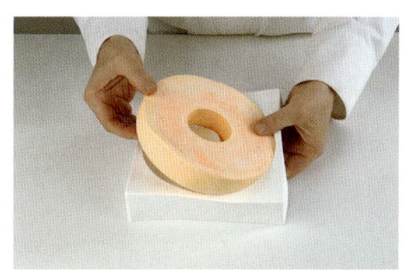

（二）注模

注模是将慕斯的组成部分依照设计顺序组合在一起的过程。

1. 组合层次。根据蛋糕设计的组成成分来看，一般可以将慕斯层次分为五个方面。

（1）支撑层次。在广泛意义上，慕斯蛋糕中必须有一个甚至是多个冷冻类馅料。馅料对温度敏感度非常大，进入口腔后，能产生入口即化的效果。为了维持在基本条件下（外出携带、切割等）蛋糕的形态，慕斯蛋糕必须有支撑物，尤其是较大的慕斯蛋糕，否则蛋糕极易发生变形（盘式甜点除外）。其次，慕斯的材质细腻而浓郁，加入蛋糕、面团饼底等支撑物，一方面可以消除油腻感，另一方面利用支撑物的吸湿性，将一些甜美酒味和奶香味吸附在产品内，保存在慕斯体中，让慕斯更为芬芳可口。

常用慕斯支撑的层次有蛋糕类饼底、面团类饼底、脆饼等。

该类层次的注模方式一般是切割后放置在模具内，对层次的大小有要求。

疑问：制作慕斯的蛋糕为什么极少用戚风类型的蛋糕坯呢？

以上解释了支撑层次对于慕斯蛋糕的重要意义，戚风类蛋糕坯的水分含量大，支撑不住慕斯浆料的重量。但是可以作为夹层来补充口感，即下面所说的可以作为平衡层次或者补充层次出现在慕斯制作中。

（2）主要层次。这个层次主要与蛋糕设计的主题有关，对于慕斯蛋糕来说，主要层次是慕斯馅料。但并不是用量越多的层次就是主要层次，这个还是要看风味特点、口感等多种体验的综合结果。

疑问：慕斯馅料做好后发现太稠了或太稀了怎么办？

馅料做好后发现太稠的话可以采取隔水加热的方法，搅拌到自己想要的稀稠度就可以离火了。如果太稀了就不要再加材料搅拌了，只能把浆料入模冷冻，出来的产品在口感上会缺乏一种蓬松感。

一般慕斯馅料的注模常配合使用裱花袋、滴壶等具有很好指向性的工具。

 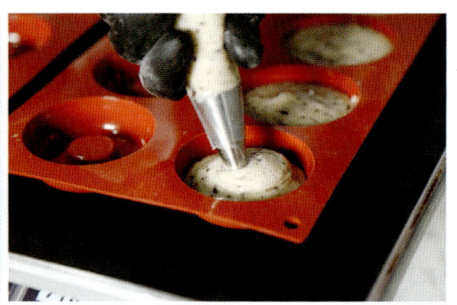

（3）平衡层次。在提拉米苏中会放入一些咖啡糖浆来平衡浓郁的奶味，在硬质饼底和柔性馅料之间可以放置一些水果颗粒或者果冻啫喱来过渡质地的突然变化。同理，蛋糕制作在颜色与形状上都有很多视觉平衡的需求。平衡层次是蛋糕层次之间的缓和、中和地带，使蛋糕整体在视觉、味觉、嗅觉等方面更加和谐。

任何层次都可以是平衡层次，所以在日常学习中，可以多储备一些"小配

第七章 整形蛋糕（含糖艺）与盘式甜点

方"，需要时可以随意搭配，创意无限。

（4）补充层次。"一个不够，两个来凑"，大概就是补充层次对于蛋糕制作的意义，它是惊喜的补充，是蛋糕设计中诚意的体现。蛋糕设计中任意层次都可以作为补充层次。

补充层次的意义，需要服从主题设计，并不是随意添加。比如需要设计一个5厘米高的慕斯蛋糕，但是基本材料只能支撑至3厘米，那么可以增加层次，这个层次可以重复，类似"歌剧院"；也可以增加更多质地、更多口味的馅料。

补充层次需考虑支撑层次和平衡层次。

（5）装饰层次。慕斯蛋糕常用奶油装饰、巧克力件装饰、水果装饰、翻糖装饰、淋面装饰、喷砂装饰、盘式、筛粉装饰等多种方式，一般情况下，装饰层次对慕斯口味不起主要作用，但是装饰材料需与蛋糕主体相对应，这个多来自法式甜点的影响。比如一款"杧果慕斯"的表面装饰可以是黄色的淋面、杧果块等带有芒果意义的装饰材料，也有许多塔派类慕斯的慕斯层次是直接放于表面的。

2. 注模中常用到的技法。慕斯的每个层次的注入方式有一定的区别。

一般使用慕斯馅料填充模具至五至七分满，使用勺背或者抹刀带起馅料向上铺满模具内壁，目的是保证后期蛋糕外部颜色的整体统一性。大部分的模具类型的复合型慕斯会用到这个技法。

（三）冷冻

蛋糕整体抹平后，放入冰箱中冷冻，如果在2小时后依然没有出现冻硬的迹象，可以从以下两个方面考虑原因。

1. 是否凝结类材料使用量不够？

2. 是否冷冻温度不够？冷冻温度一般在-18℃~0℃，常用冷冻温度在-10℃左右，速冻温度在-18℃以下。

疑问：慕斯凝固后才发现表面不平怎么办？

可以使用制作时剩余的慕斯液再次填充（裱花袋定点式填充，或者抹刀抹平都可以），凝固后就会变得平整，但可能有痕迹，需要借助装饰来遮瑕。

疑问：冷冻时间控制不好会出现哪些问题？

冷冻时间不足：因温度的传递是由外向内的，所以冷冻时间不足的话，慕斯中心可能还未定型，脱模时可能会产生断裂，尤其是较大的慕斯。如果时间非常短的话，慕斯外层也可能会不成型。

冷冻时间过长：慕斯中含有大量的水分，在经过长时间的冷冻后，很有可能会出现冰晶，尤其是表面。这种状态下是不能食用的，需要放在冰箱冷藏室进行缓慢回温。

（四）慕斯脱模

模具型慕斯经过冷冻定型后，取出，进行去除模具的步骤。

在进行脱模时，因表面温度极低，所以需注意避免冻伤。硅胶等软质材料的模具脱模较简单，硬质材料的模具脱模需要一定的技巧。

下面以常用的不锈钢材质的模具为例进行说明。

1. 将带模具的慕斯蛋糕立在一个平面上。
2. 用火枪对模具表面进行加热，至模具表面出水即可，不可过度加热。
3. 一手往下按住蛋糕，一手往上移动模具。
4. 完成脱模后，将蛋糕移至一旁。

> **小贴士**
>
> 如果对外部过度加热导致慕斯表面有熔化现象出现，在脱模完成后，放入冰箱重新冷冻即可。

（五）切割

用刀、压模等器具将成品或者半成品进行物理分割，改变其大小和形状，使之适合组装大小的使用，比如饼底切割、蛋糕切块等。

对块状慕斯的切割需要注重切面的美观度，所以在切割前，需要先对刀面进行加热，用火枪烧或者用热水烫一下都可以达到效果。

（六）慕斯装饰常用技法

1. 喷砂。

使用工具：食品级喷砂机。

（1）了解空气喷枪工作原理。

空气喷枪需和软管、空压机及其他配件一起组合方能使用。空压机用于压

缩储存空气，为喷枪中的涂料提供一定的气压，在气压的作用下，使液体（涂料）产生雾化的效果。空气喷枪有不同的口径，可根据其用途进行选取。

（2）了解操作中涉及的词汇。

① 雾化：通过喷嘴或用高速气流使液体分散成微小液滴的操作。

② 喷涂：喷涂是通过喷枪，借助压力或离心力，将涂料分散成均匀且微小的雾滴，施涂于被涂物的表面的方法。

③ 喷枪内部结构。

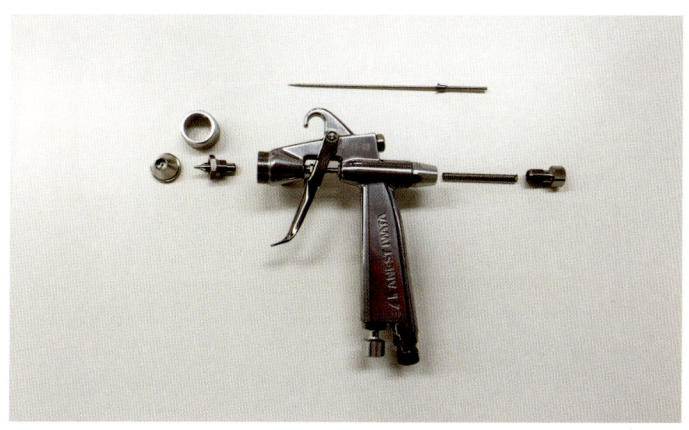

从左到右依次为：

a. 空气帽；

b. 喷嘴罩；

c. 喷嘴；

d. 喷枪主体：包括液体杯、喷壶连接口、喷枪扳手、空气量调节按钮、转换接头连接口；

e. 弹簧；

f. 涂料调节按钮；

g. 枪针（分布在图片的喷枪主体上面）。

（3）喷枪附带配件。

① 液体杯（或喷壶）。用于盛放涂料或清洗器具的液体，一般有液体杯和喷壶两种。液体杯盛放的液体较少，操作过程中，液体不易洒出来；喷壶装的液体较多，多用于大批次的喷涂工作，效率高。

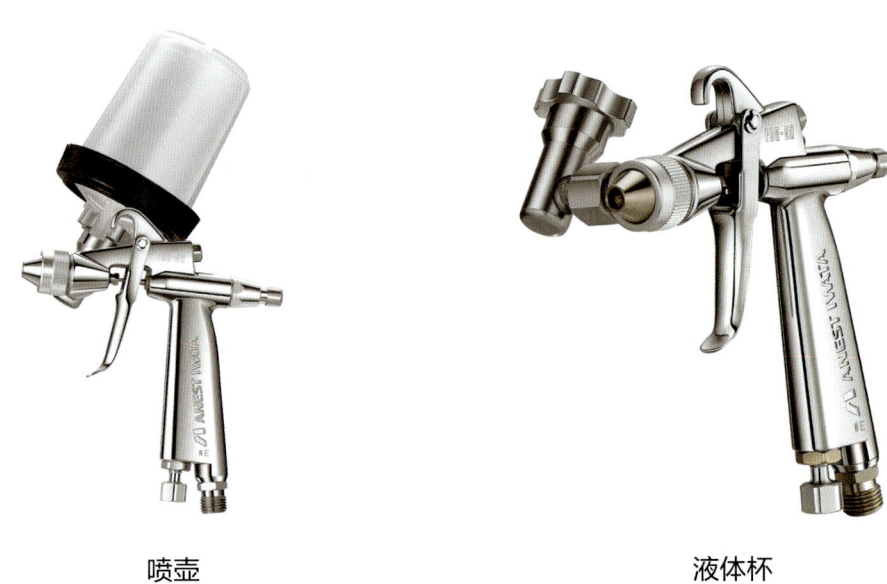

喷壶　　　　　　　　　　　　液体杯

② 转换头。用于连接喷枪和软管，拆卸比较方便。

（4）喷砂的作用原理。用于喷砂的材料是可可脂和巧克力混合液体，一般比例为1∶1，在使用白巧克力制作时，可以配合使用各色的色淀来进行色彩调配，喷砂会带有一种雾砂感。

疑问：为什么喷砂会呈现这种效果呢？

可可脂与巧克力的混合液体在接触温度较低的表面时立即呈现固体状态的一个效果。

在制作各种巧克力装饰件时，会对巧克力进行调温工作，这个也是和可可脂有直接关系的。可可脂中的甘油是同质多晶体，几种晶体解体的温度也不相同，调温就是通过调整可可脂的温度（晶体的熔点），使不稳定的晶体向稳定的晶体转变。

由此可见，喷砂作用的表面温度越低，呈现的绒面效果也就越好。进行喷砂作业时，因为喷出的液体作用面比较大，所以预先最好做好清洁准备。可将物品放在平面上，在喷砂作用方向的前面放置隔挡物品。

如图：用保鲜膜包裹住两个网架，使之呈一定角度摆放在作用物品的前方即可。类似遮挡物品也可以用纸板、箱盒等。

疑问：喷砂只能给慕斯做装饰吗？

喷砂机的作用原理是通过气压使液体（涂料）产生雾化从而达到涂层效果，液体材料可以是可可脂和巧克力，也可以是其他材料，比如说裱花师会用液体颜色通过喷砂机对裱花蛋糕进行装饰。

即便是可可脂和巧克力的材料组合，也是可以作用在常温产品或者奶油制品上的，这个效果类似筛粉。

2. 淋面。淋面作为一种装饰材料，其最基本的条件有两个：第一，淋面需具备很稳定的流动性；第二，淋面需具备凝结效果。淋面可以衍生出多种口味变化，同时也可以作为产品的口味补充。

（1）基础混合型淋面：根据基本条件来看，最简单的淋面制作方法是将镜面果胶与水混合。

镜面果胶是市售成品，其稳定性非常好，可以直接使用，根据淋面的稠稀度需求，可增加适量的水来调节。

> **小贴士**
> 用毛刷直接蘸取镜面果胶刷在水果表面，可以提亮水果的色泽，同时保护水果表层不被氧化，是较常用的提亮手法。

（2）制作型淋面。淋面作为蛋糕的组成部分，也可以变得很多元。以糖浆、巧克力和凝胶剂等为主要材料制作而成的淋面，是现代慕斯甜点中较为常见的一类淋面，不但能满足基本的装饰需求，同时在口味、色泽和质感上都有一定的加分。

此类淋面制作需要借助均质机。因为均质机刀口锋利且小，在接触材料时可以使材料更好地融合，尤其是对于油类材料与水类材料的混合，均质机能起到很好的乳化作用。而且均质机的转速非常快，刀口小，可以在极短的时间内破除小区域的气泡，使淋面口感更加顺滑。

小贴士

在使用均质机搅拌的过程中，均质机一定不能提起来，如果刀口接触到空气，里面的气泡只会越搅越多。

（3）多色淋面。将淋面调和成多种色彩，采用叠加的方式制作出星空、豹纹等淋面类型。

延伸基础操作简介：

1. 在慕斯表面淋上基底淋面。

2. 快速在表面淋上少量不同颜色的淋面。

3. 用抹刀快速在表面一抹带开，然后静置使其自然晕开。

4. 待淋面开始成型，不往下滴落，将蛋糕移开。

小贴士

进行淋面操作时，必要的准备和技巧可以避免浪费，同时也能使结果更加美观。

1. 准备淋面的盛接措施。用常见的工具就能做出来，比如说在烤盘中放一张油纸，再在表面腾空架上一个烤架，这样淋面在往下流的时候，可以直接用油纸盛接住，后期可以统一进行二次处理。同理，在一个高盘上架一个烤架也是可以的。

第七章
整形蛋糕（含糖艺）与盘式甜点

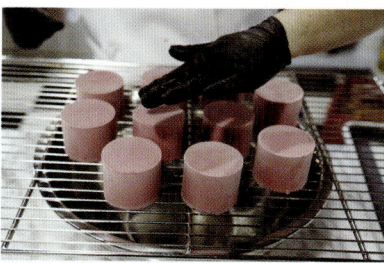

2. 从网架上移走蛋糕时，蛋糕上会有一些"要落不落"的淋面挂在底层一圈，移动时，可以使用抹刀带着蛋糕在网架上前后左右转一圈，将底层整理干净再进行移动。

第二节　冰激凌与雪葩

一、认识冰激凌与雪葩

（一）什么是冰激凌

冰激凌是以饮用水、牛乳、奶粉、奶油（或植物油脂）、食糖等为主要原料，加入适量食品添加剂，经混合、灭菌、均质、老化、凝冻、硬化等工艺制成的体积膨胀的冷冻饮品。

添加蛋黄的冰激凌的膨胀度很小，密度比较紧实。蛋黄中的卵磷脂乳化作用可以阻止较大的冰晶和脂肪晶形成，所以可以在低脂含量的配方下，做出口感更加顺滑柔软的冰激凌。蛋黄多用于风味材料（粉类、坚果类）冰激凌。

（二）什么是雪葩

雪葩（英文SORBET或sorbetto），MIX&MATCH的产物，是西式甜品的一种，口感类似雪糕。制法是将新鲜水果冷藏至结冰后磨成沙冰。与雪糕的最大区别，在于其不含牛奶的成分，适合对牛奶敏感的人士食用。

（三）冰激凌和雪葩的区别

1. 雪葩多以液体果蓉或者水果为主要原材料，冰激凌的乳脂含量高。
2. 使用的稳定剂不同，冰激凌稳定剂主要稳定油脂，使用以坚果酱为主要原料、含有大量油脂的奶油冰激凌稳定剂；雪葩稳定剂主要稳定水分，使用雪莓专用稳定剂。

二、常用材料及其作用

各种口味果蓉：产品的主要风味材料。

葡萄糖粉：帮助成型，类似房子支撑。

右旋葡萄糖粉：和葡萄糖粉一样的作用，口感比葡萄糖粉更清新。

转化糖：使口感更加柔软。在干性含量大的配方中，加一些转化糖，可以使它口感更柔软。

脱脂奶粉：配方中使用的脱脂奶粉和葡萄糖粉。但是不用脱脂牛奶和葡萄糖浆，因为不需要太多的水分，需要干性物质使其成型，而且不需要太多的油脂。

全脂牛奶：提升风味、增加营养。

淡奶油：主要风味来源之一，在制作果蓉类甘纳许时，不可以和果蓉类一起煮。

蛋黄：乳化作用，使口感更顺滑。

稳定剂：具有亲水性，它与水发生亲和作用，能提高冰激凌的黏度和膨胀率，防止或抑制冰晶生长、改善组织状态、减少粗糙感、增强产品的抗融性。

冰激凌稳定剂：凡能提高冰激凌浆料的黏度，改善油脂以及含油脂固体微粒的分散度，延缓微粒冰晶的增大以及冰渣出现的时间，改善冰激凌的口感、内部结构和外观状态，提高冰激凌体系的分散稳定性和一定抗融化性的食品添加剂，都称为冰激凌稳定剂。通常情况下，1000克基底中加入3%~4%的稳定剂（具体根据产品要求而定）。

三、冰激凌与雪葩的熟化

熟化发生在材料初步混合搅拌之后，一般熟化的时间有4小时、12小时，还有快速熟化。熟化完成后，材料会再放入特定搅拌机中进行机器制作，成为冰激凌或者雪葩。

熟化目的：让原材料更好地融合，所有的材料分子重新排列聚合在一起，而且稳定剂也需要时间发挥它的作用。

熟化实质在于脂肪、蛋白质和稳定剂产生"水合作用"，稳定剂充分吸收水分使基底黏度增加，有利于搅拌时冰激凌膨胀得均匀细腻。

熟化不到位影响的是口感的细腻。熟化到位，稳定剂会很好地生效，冰激凌也不容易化。

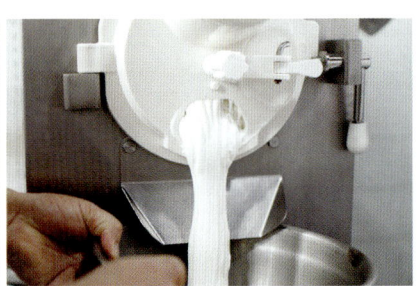

四、操作组装注意事项、细节

制作冰激凌时，保证冰激凌机一定是干净的，必须清洗一遍再开始操作，从颜色最浅的开始放入机器制作。连续使用机器，可以减少清洗次数；如果中间停止10分钟以上再使用机器，必须清洗机器。

组装前,要确定所有小配方已经做完、所有的容器是冰的,且要保证冰激凌在常温下的操作动作一定要快,避免让冰激凌接触常温融化,然后再凝结就会形成冰晶,影响口感。

淋面的冰激凌必须冻硬后再淋面,否则挂不住淋面,而且淋面的温度必须控制在20℃~25℃。

同时操作很多冰激凌基底时,放入冰箱时要贴标签做记号。

五、冰激凌的保存和食用

冰激凌的最佳食用温度为-10℃~12℃,这是不会让舌头与味蕾发麻的温度。

冰激凌在-18℃,在配方比例均匀、制作过程无误的情况下,可以保存3~4个月。

> **小贴士**
>
> 没有冰激凌机怎么制作冰激凌和雪葩?
>
> 将融合好的基底先冷冻,再取出,手工搅拌混入空气,再冻再搅拌。费时费力,产量低,而且不可避免地有很多冰渣。
>
> 冰激凌机可以避免这些问题,它的搅拌是匀速的,而且时刻保持低温。有家用冰激凌机和商用冰激凌机,做出来的冰激凌品质,是手工冰激凌没办法比的。

第三节 作品制作实操

一、情人节

（一）黑巧克力慕斯

材料：

牛奶140克，淡奶油170克，葡萄糖浆170克，68%黑巧克力170克，65%黑巧克力170克，吉利丁片8克，水40克，淡奶油430克。

准备：

吉利丁片提前泡冰水。

制作过程：

1. 将牛奶、淡奶油和葡萄糖浆煮至40℃，关火加入泡水吉利丁和35℃熔化的巧克力，用均质机搅拌。

第七章
整形蛋糕（含糖艺）与盘式甜点

2. 冷却到35℃时加入打发奶油混合。

3. 倒入裱花袋中，注入心形硅胶模。

4. 放入用心形切模切割的巧克力达垮滋。

5. 用抹刀把顶端抹平整，急冻。

（二）马斯卡彭慕斯

材料：

牛奶260克，糖90克，玉米淀粉40克，吉利丁片5克，水25克，马斯卡彭奶油250克，淡奶油200克

准备：

吉利丁片提前泡冰水。

制作过程：

1. 把牛奶、糖、玉米淀粉煮沸，关火加入泡水吉利丁和马斯卡彭奶油，用均质机搅拌后，冷藏至30℃~35℃。

2. 打发淡奶油。

3. 把"步骤1"的混合物和打发淡奶油混合。

4. 倒入裱花袋中，注入心形硅胶模。

5. 放入切成心形的榛子海绵蛋糕。

6. 用抹刀把顶端抹平整，急冻。

（三）榛子海绵蛋糕

材料：

鸡蛋250克，粗糖235克，椰子果蓉137克，海盐2克，榛子膏150克，扁桃仁油46克，中筋粉114克，扁桃仁粉57克，泡打粉10克，百香果果蓉10克

制作过程：

1. 混合所有原料，用蛋抽手动搅拌均匀。

2. 倒在烤盘纸上的框架内（框架大小约为烤盘一半），用抹刀抹平，厚度约0.8厘米。

3. 放入烤箱，以150℃烘烤20~25分钟。出炉后趁热盖保鲜膜，冷藏。

4. 海绵蛋糕切长条，再放在两根亚克力条之间切成片状，每片约0.5厘米厚。

5. 用心形切模切割出所需形状的海绵蛋糕。

（四）黑巧克力淋面

材料：

水70克，糖120克，葡萄糖浆120克，炼乳80克，吉利丁片10克，水50克，68%黑巧克力115克，镜面果胶55克

准备：

吉利丁片提前泡冰水。

制作过程：

1. 将水、糖、葡萄糖浆煮沸，关火，加入炼乳、泡水吉利丁、镜面果胶和黑巧克力，用均质机搅拌。包保鲜膜，隔夜冷藏。

2. 第二天取出，35℃熔化，再用均质机搅拌以去除气泡。

（五）白巧克力淋面

材料：

水70克，糖120克，葡萄糖浆120克，炼乳80克，吉利丁片10克，水50克，33%白巧克力115克，中性淋面55克，脂溶性白色色粉适量

准备：

吉利丁片提前泡冰水。

制作过程：

1. 把水、糖和葡萄糖浆煮沸，关火，加入白巧克力、炼乳、泡水吉利丁和中性淋面，搅拌。

2. 加入白色色粉，用均质机搅拌。隔夜冷藏。

3. 35℃加热，用均质机搅拌去除气泡。

（六）焦糖扁桃仁

材料：

水50克，糖175克，盐1.5克，扁桃仁条500克，可可脂23克，68%黑巧克力适量

制作过程：

1. 把水、糖、盐加热到120℃。

2. 加入扁桃仁条，搅拌至呈金棕色。关火，加可可脂，用橡皮刮刀手动搅拌均匀。

3. 摊放在烤盘纸上，室温冷却。

4. 在扁桃仁条上浇一些熔化的巧克力，混合均匀。

5. 用勺子挖一些堆成小堆，作为摆盘装饰。

（七）焦糖香草覆盆子

材料：

糖320克，山梨糖醇21克，葡萄糖浆59克，香草荚21克，覆盆子果蓉233克，牛奶160克，小苏打0.8克，盐 0.8克，黄油276克，大豆卵磷脂2.6克

制作过程：

1. 把糖、山梨糖醇、葡萄糖浆、香草荚、果蓉、牛奶、小苏打和盐一起煮沸。

2. 加入切块黄油和大豆卵磷脂，继续煮至120℃。倒入量杯，用均质机搅拌。

3. 倒入亚克力条围成的框架中，亚克力条连接处用胶带纸固定。室温冷却。

4. 用小的心形圈模切割。

（八）焦糖百香果冻

材料：

糖100克，葡萄糖浆80克，百香果果蓉150克，炼乳60克，香草1克，黄油160克，百香果果蓉适量

制作过程：

1. 把糖、葡萄糖浆煮沸，加入香草荚。

2. 慢慢加入百香果果蓉、炼乳、黄油的混合物，再次煮沸。

3. 倒入量杯中，用均质机搅拌。重新称重，如果不够460克，再加入百香果果蓉。冷藏。

（九）覆盆子果冻

材料：

覆盆子果蓉237克，糖50克，海藻胶4克，黄原胶1克，覆盆子果蓉237克

制作过程：

1. 将第一份果蓉加热到50℃，关火，加入糖、黄原胶、海藻胶。

2. 倒入量杯，用均质机搅拌。倒入第二份果蓉，再次用均质机搅拌。倒入裱花袋，冷藏。

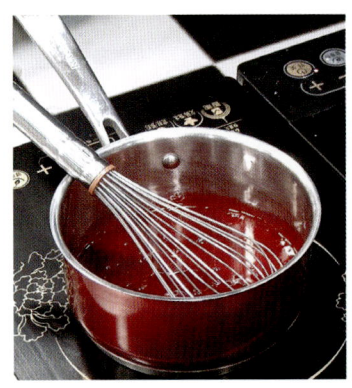
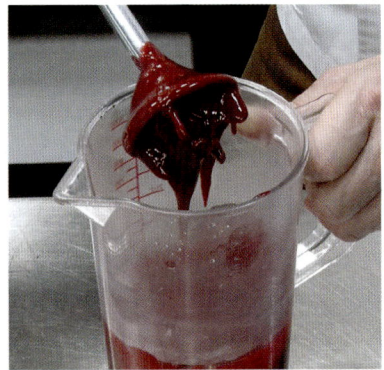

（十）组装

制作过程：

1. 将白色心形马斯卡彭慕斯从急冻拿出，脱模，浇上白巧克力淋面。

2. 用竹签移动白色心形制品，给底部浸蘸上一层熔化的黑巧克力。

3. 将黑色心形黑巧克力慕斯从急冻拿出，脱模，浇上黑巧克力淋面。

4. 用竹签移动黑色心形制品，给底部浸蘸上一层熔化的黑巧克力。

5. 把黑、白两颗心形制品放在盘子上，白色心形制品上放焦糖扁桃仁条，黑色心形上放巧克力件装饰。

在盘子上放置心形的焦糖香草覆盆子，挤上焦糖百香果冻和覆盆子果冻圆点做装饰。

小贴士：

巧克力达垮滋

材料：扁桃仁粉135克，糖粉75克，中筋粉45克，可可粉25克，糖160克，盐2克，蛋白260克

制作过程：将糖、盐、蛋白放入厨师机中打发至鹰钩状，加入过筛的粉类，用橡皮刮刀搅拌均匀；将面糊在烤盘上铺开，放入烤箱（150℃）烘烤15~20分钟。

第七章
整形蛋糕（含糖艺）与盘式甜点

二、巧克力同心球

（一）顿加豆冰激凌

材料：

牛奶620克，淡奶油198克，转化糖24克，糖156克，奶粉60克，冰激凌水果粉12克，冰激凌结构改良剂40克，蛋黄108克，顿加豆1克，香草荚2克

制作过程：

1. 将牛奶、淡奶油、转化糖放入熬糖锅中煮，加入香草荚和擦碎的顿加豆。

2. 加入糖、奶粉、冰激凌水果粉和冰激凌结构改良剂。

3. 倒出一部分"步骤2"的液体来调和蛋黄，然后全部倒回熬糖锅中，至少煮至80℃。关火，用均质机搅拌。

4. 过筛，包保鲜膜，隔夜冷藏。第二天用均质机搅拌，过滤，使用冰激凌机进行制作。

（二）榛子海绵蛋糕

材料：

60%扁桃仁膏346克，鸡蛋246克，盐2克，中筋粉25克，玉米淀粉20克，黄油66克，橄榄油34克，100%榛子膏45克，泡打粉4.5克

制作过程：

1. 把扁桃仁膏和榛子膏放在粉碎机中搅拌。

2. 一点点分次加入蛋黄。

3. 倒入厨师机的搅拌缸中，用圆球搅拌。

4. 将黄油和橄榄油混合，加热至50℃。慢慢加入搅拌缸中，搅拌至缎带状。

5. 加入盐、过筛的粉类混合均匀。

6. 将面糊在烤盘纸上铺开，使用1厘米厚的亚克力条来控制厚度，150℃烘烤15分钟。

7. 烤完后包保鲜膜，冷藏。

8. 用圈模切成直径4厘米的圆片。

（三）杧果奶油

材料：

杧果果蓉333克，糖11克，玉米淀粉7克，吉利丁片4克，水20克，可可脂粉31克

准备：

吉利丁片提前泡冰水。

制作过程：

1. 将果蓉、糖、玉米淀粉煮沸。关火，加入泡水吉利丁和可可脂粉，用均质机搅拌。包保鲜膜，隔夜冷藏。

2. 第二天用粉碎机搅拌。

3. 装入裱花袋，挤进圆形硅胶模中。

4. 盖上榛子海绵蛋糕圆片。

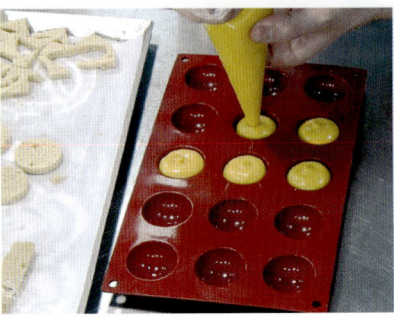

（四）百香果淋面

材料：

百香果果蓉70克，糖120克，葡萄糖浆120克，炼乳80克，吉利丁片10克，水50克，黄色色粉少量，镜面果胶55克

准备：

吉利丁片提前泡冰水。

制作过程：

1. 把百香果果蓉、糖和葡萄糖浆煮沸。

2. 关火，加入炼乳、泡水吉利丁和镜面果胶，搅拌。

3. 加入黄色色粉，用均质机搅拌。包保鲜膜，隔夜冷藏。

4. 第二天，加热到35℃，用均质机搅拌后去除气泡。

（五）杧果丁

材料：

百香果果蓉32克，杧果果蓉40克，杧果丁100克

制作过程：

杧果切丁，放在杧果果蓉和百香果果蓉中，冷藏。

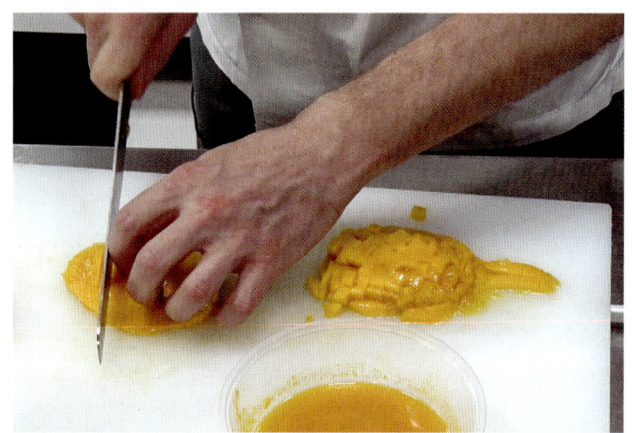

（六）巧克力奶油

材料：

淡奶油185克，牛奶185克，70%黑巧克力212克

制作过程：

1. 将牛奶煮沸。

2. 35℃熔化黑巧克力，关火，加入牛奶中，搅拌均匀。

3. 加入淡奶油，用均质机搅拌。包保鲜膜，冷藏。

（七）椰子油酥饼

材料：

椰蓉51克，糖51克，中筋粉125克，蛋白50克，海盐1克，无水黄油90克

制作过程：

1. 将面粉、糖、海盐、椰蓉、熔化黄油（30℃）和蛋白倒入搅拌缸中，用橡皮刮刀搅拌均匀。

2. 夹在两张烤盘纸间，用擀面杖擀压，然后用开酥机压至2毫米厚。冷藏。

3. 用圈模切成直径5厘米的圆形，以150℃烘烤至金棕色。

（八）椰子香米布丁

材料：

水280克，盐1克，印度香米94克，牛奶225克，淡奶油112克，椰子果蓉130克，糖30克

制作过程：

1. 把水和盐煮至微微沸腾，加入香米煮5分钟。

2. 过滤香米，倒入加热的牛奶和淡奶油中，煮10分钟。

3. 冷却至50℃～60℃时加入椰子果蓉和糖，搅拌均匀。冷藏。

（九）椰子酱汁

材料：

椰子果蓉250克，糖 20克，海藻胶5克，椰子果蓉250克，马利宝椰子朗姆酒10克

制作过程：

1. 将第一份椰子果蓉加热到至少50℃。

2. 关火，加糖和海藻胶，用均质机搅拌。加第二份椰子果蓉和马利宝椰子朗姆酒，用均质机搅拌。包保鲜膜，冷藏。

小贴士

1. 第一份果蓉是用来激活海藻胶的，最低温度为50℃。

2. 海藻胶是一种海藻提取物。激活需要两个要素，温度和摩擦力。温度来自果蓉，摩擦力来自均质机。

（十）巧克力外壳

材料：

可可脂适量，红色色粉适量，黑巧克力（已调温）适量

制作过程：

1. 在熔化的可可脂中加入红色色粉混合均匀，倒入慕斯枪中，喷在半球形模具中。
2. 倒入调温黑巧克力。
3. 用圆形切模切出一个开口。

（十一）组装

制作过程：

1. 杧果奶油脱模，浇上百香果淋面。
2. 把巧克力件外壳下半部分放在盘子上。
3. 在外壳底部挤巧克力奶油。
4. 放一大勺椰子香米布丁。
5. 放一层杧果丁。

6. 放椰子油酥饼圆片。

7. 放百香果淋面的杧果奶油。

8. 盖上巧克力外壳的上半部分，放一点金箔。

9. 在盘子上放一点扁桃仁黄油脆片碎屑，在上面放置顿加豆冰激凌球。在盘子上挤上椰子酱汁圆点做装饰。

三、整形蛋糕+糖艺装饰

2017年阿布扎比糖艺西点项目模块B——整形蛋糕+糖艺装饰：吕浩然获奖作品

（一）焦糖榛子

材料：

榛子颗粒120克，糖60克，水27克

制作过程：

1. 将糖和水倒入锅中煮沸。
2. 将榛子颗粒倒入锅中。
3. 不停地翻炒至翻砂，每颗都均匀地包裹住糖。
4. 继续炒至焦糖色。
5. 将炒至金黄色的榛子倒在烤盘上，铺开放凉。
6. 将榛子倒入食物料理机中打碎（保留些许细小颗粒，不要完全是粉末状）。

（二）焦糖榛子达克瓦兹

材料：

焦糖榛子172克，糖粉140克，低筋面粉28克，蛋白206克，糖52克，蛋白粉9克

制作过程：

1. 将糖粉、低筋面粉和榛子碎混合打匀。
2. 将蛋白、糖、蛋白粉放入打蛋机内打发。
3. 将蛋白打至硬性发泡。
4. 将粉类倒入蛋白霜中。
5. 用橡皮刮刀搅拌至光滑细腻的状态，注意不要消泡。
6. 装入裱花袋，用圆口裱花嘴以螺旋绕圈的方式挤出6寸大小的达克瓦兹饼底。
7. 表面筛一层糖粉，放入烤箱，以170℃烘烤13分钟。

（三）松脆杏仁

材料：

糖108克，黄油108克，盐1克，香草籽半根的量，低筋面粉45克，杏仁片70克

制作过程：

1. 准备松脆杏仁的配方材料。
2. 将糖、黄油、盐、香草籽放入打蛋机内搅拌均匀。
3. 加入低筋面粉和杏仁片，搅拌均匀。
4. 用两层油纸将以上材料夹起，用擀面杖将其擀至5毫米厚。
5. 用圈模压出两个圆，放入急冻柜冷冻。

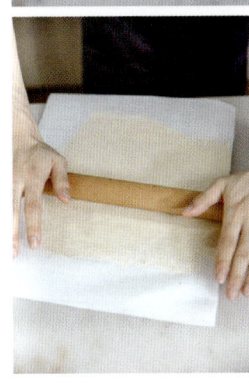
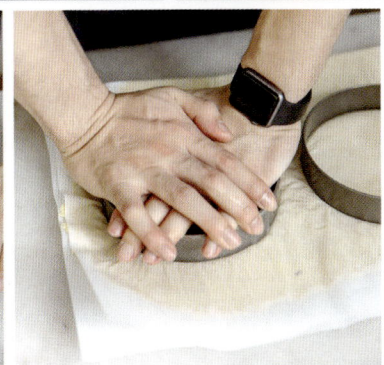

（四）糖蜜水果

材料：

柚子果蓉60克，水60克，橘子果蓉120克，香草荚1根，葡萄糖浆28克，糖56克，NH果胶3.5克

制作过程：

1. 准备糖蜜水果的配方材料。

2. 将果蓉、水、香草荚、糖浆煮至45℃，然后加入糖和NH果胶。

3. 煮沸1分钟，其间不停地搅拌。

4. 倒入模具中，每层120克，速冻。

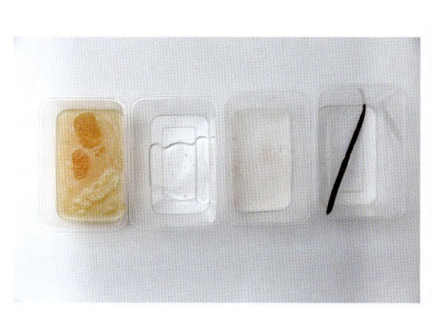   

（五）百香果橘子奶油

材料：

百香果果蓉81克，橘子果蓉40克，蛋黄55克，糖30克，吉利丁片2克，黄油45克

准备：

将吉利丁片提前泡冷水。

制作过程：

1. 准备百香果奶油的材料。
2. 将果蓉煮至80℃。
3. 将蛋黄与砂糖打至糖化，倒入步骤2，混合后回倒入锅中加热。
4. 将酱汁煮至80℃。
5. 将煮好的酱汁过筛。
6. 将酱汁、黄油、吉利丁倒入量杯中。
7. 用均质机均质至光滑细腻。
8. 倒在模具中，110克/层，速冻。
9. 将达克瓦兹饼底裁好形状，放入模具中，速冻。

第七章
整形蛋糕(含糖艺)与盘式甜点

(六)巧克力奶油

材料:

牛奶87克,淡奶油70克,蛋黄33克,糖13克,牛奶巧克力77克,100%榛子酱15克,吉利丁片4克

准备:

将吉利丁片提前泡冷水。

制作过程:

1. 准备巧克力奶油的材料。

2. 将牛奶巧克力、榛子酱、吉利丁放入量杯中。

3. 将蛋黄、糖充分打发。

4. 将牛奶、淡奶油煮至80℃,倒入"步骤3"的制品中混合。

5. 煮至80℃离火。

6. 倒入量杯中,均质至光滑细腻。

7. 倒入模具中,80克/层。

8. 放入另一层饼底,速冻。

（七）巧克力慕斯

材料：

淡奶油70克，牛奶70克，蛋黄26克，糖14克，牛奶巧克力275克，淡奶油260克，吉利丁片3克

准备：

将吉利丁片提前泡冷水。

制作过程：

1. 准备巧克力慕斯的材料。

2. 将蛋黄、砂糖搅至发白。

3. 将牛奶和淡奶油煮至80℃，倒入"步骤2"的制品中，搅匀。

4. 回煮至80℃。

5. 过筛，倒入装有巧克力、吉利丁的量杯中。

第七章
整形蛋糕（含糖艺）与盘式甜点

6. 均质至光滑细腻。
7. 将淡奶油打发。
8. 将淡奶油和巧克力酱混合搅拌均匀。
9. 倒入模具中至半满。
10. 放入冻好的内陷。
11. 挤入慕斯，表面用抹刀抹平。
12. 将松脆杏仁擀碎。
13. 撒上松脆杏仁。
14. 用抹刀抹平。

（八）巧克力淋面与装饰

材料：

水280克，镜面果胶440克，可可粉63克，糖210克，70%黑巧克力126克，吉利丁片30克

准备：

将吉利丁片提前泡冷水。

制作过程：

1. 将淋面的配方称好。
2. 将水与镜面果胶倒入锅中，煮至沸腾。
3. 将糖和可可粉拌匀后倒入锅中。
4. 煮至沸腾。
5. 加入泡好水的吉利丁。
6. 过筛，倒入巧克力中。
7. 均质至光滑细腻。
8. 倒出一小部分，调成金色。淋面温度在30℃时开始淋面。
9. 趁淋面没凝固时挤上几条金色淋面，中间装饰上拉糖小造型。

第七章
整形蛋糕（含糖艺）与盘式甜点

（九）整形蛋糕上的拉糖装饰

制作过程：

1. 将熬好的透明糖倒入模具中，制作一个整球和一个半球。
2. 取出一部分透明糖，调成红色，再加入白色色粉，调匀。
3. 将剩余的红色糖加入棕色色素，调成红棕色。
4. 调一点白色糖备用。
5. 取一块棕色糖，搓成圆柱形。
6. 弯曲并定型，做成毛笔的身体。
7. 取一块白色糖，反复折叠，直到出现多层纹路。
8. 从一头拉出，呈水滴状。
9. 将尖拔出来，并进行弯曲，做成笔头。
10. 将两个部分进行粘接。
11. 用棕色糖拉出细线，绕至接口部分。
12. 取一块红色糖，整形。
13. 将边缘拉出水滴状。
14. 每个水滴状都不一样，看起来要自然。
15. 做成一个水滴溅起的效果。
16. 将零件进行组装。

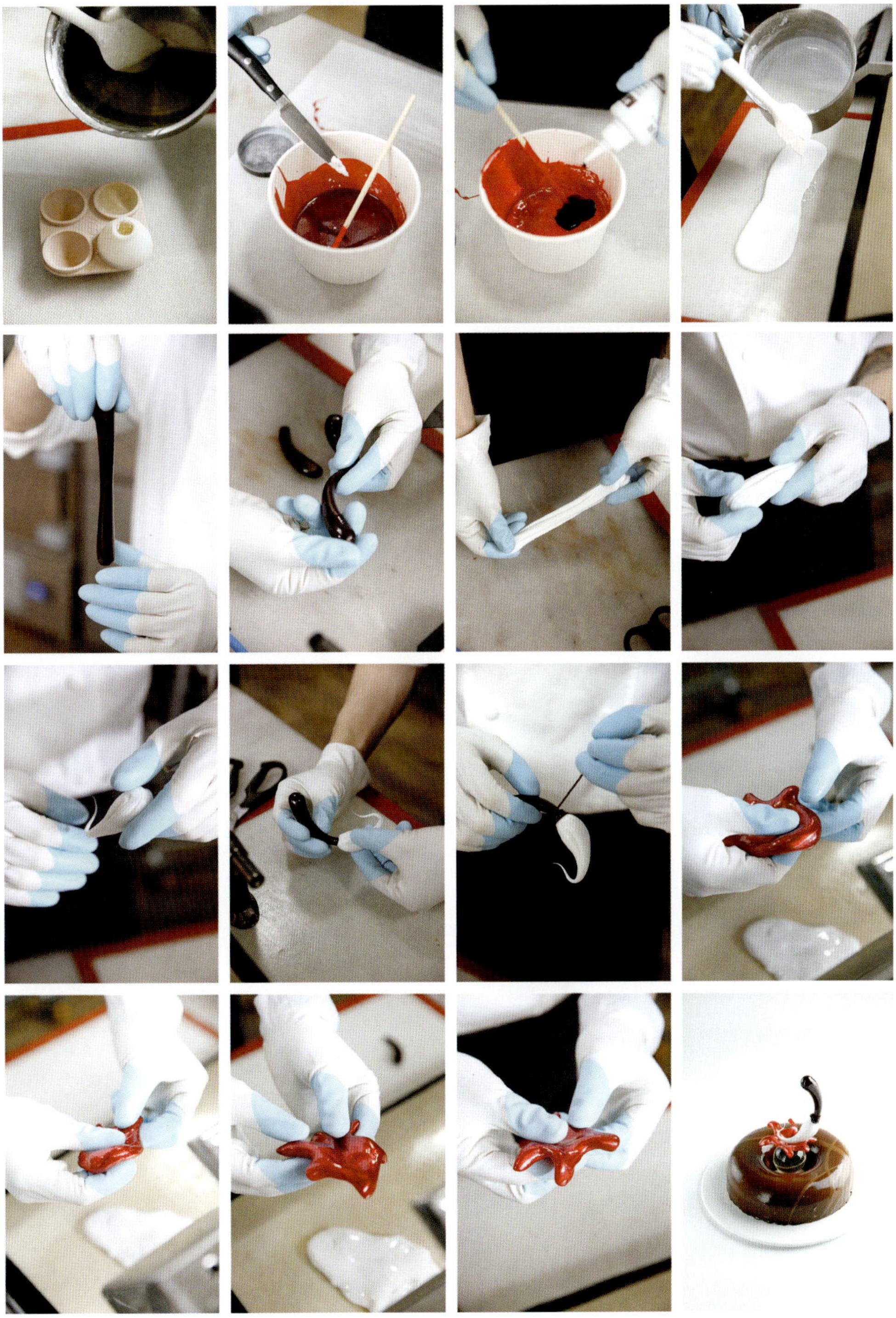

第七章
整形蛋糕（含糖艺）与盘式甜点

（十）拉糖支架

制作过程：

1. 准备以下模具：亚克力支架1个，气球10个，夹子10个，圆形底座1个，箭头形模具1个，圆筒模具1个。
2. 将2000克艾素糖倒入锅中，并加入100克水。
3. 将艾素糖熬煮至170℃。
4. 将熬好的艾素糖均匀地倒入圆形底座模具中。
5. 在另一个锅中倒入800克的糖，然后加入适量紫色色素，熬至170℃。
6. 加入500克艾素糖，拌匀。
7. 将拌匀的糖倒在不粘垫上，稍稍铺开。
8. 用手滚成长条形。
9. 上面盖上不粘垫，用擀面杖将其擀平。
10. 将"步骤9"的制品放在亚克力支架上定型，冷却后揭掉两张不粘垫，将糖直接放在支架上。
11. 调一些黑色糖，倒入圆筒模具中。
12. 反复转动晃匀，将多余的糖倒回锅中，等待冷却。将这个步骤重复三次。
13. 圆筒形模具冷却后脱模。
14. 取少量艾素糖，加入适量棕色色素，调制均匀。
15. 拉制棕色糖直到出现光泽。
16. 多次折叠制作出彩带。
17. 将彩带拉成长条状，在桶的上下两端分别围一圈。
18. 搓两个小糖球，用空心铜管压出形状。
19. 分别粘在桶上端彩带的两边。
20. 搓一根长条，围成圆形，切掉多余部分，制作桶的把手。

21. 将把手粘在桶的两个小圆球上。

22. 将桶粘在支架上。

23. 调一点白色艾素糖，倒入箭头模具中，在80℃时完成弧形定型。

24. 将箭头粘在支架上。

25. 将底座模具脱模，粘在支架上。

26. 用红色色素调制一块红色的糖。

27. 将红色的糖反复折叠揉匀，不要有气泡。

28. 取一块红色的糖，拉出水滴状，使其看起来有飞溅的感觉。

29. 将中间部位搓细，看起来更有线条感。

30. 按照上述方式，做出大大小小不同的形状。

31. 将小部件粘在桶里，呈现飞溅而出的感觉。

32. 大大小小的部件要粘得有层次感。

33. 调一碗银色的糖。

34. 用棕色的糖在表面画上线条。

35. 用装满水的气球浸入糖中，做成花瓣的形状，冷却后脱模，大约做15瓣。

36. 将花瓣拼接在支架上，一层三瓣。

37. 一共拼三层花瓣。

38. 拉糖支架成品完成。

第七章
整形蛋糕（含糖艺）与盘式甜点